人机共生

洞察与规避数据分析中的机遇与误区

〔瑞士〕 马克·沃伦威尔德（Marc Vollenweider） 著

赵卫东 译

Mind+Machine

A Decision Model for Optimizing
and Implementing Analytics

机械工业出版社
China Machine Press

图书在版编目（CIP）数据

人机共生：洞察与规避数据分析中的机遇与误区／（瑞士）马克·沃伦威尔德（Marc Vollenweider）著；赵卫东译．—北京：机械工业出版社，2018.1

书名原文：Mind+ Machine: A Decision Model for Optimizing and Implementing Analytics

ISBN 978-7-111-58823-8

Ⅰ. 人… Ⅱ.① 马… ② 赵… Ⅲ. 数据处理－研究 Ⅳ. TP274

中国版本图书馆 CIP 数据核字（2017）第 331413 号

本书版权登记号：图字 01-2017-2744

Copyright © 2017 by Evalueserve Ltd.

All rights reserved. This translation published under license. Authorized translation from the English language edition, entitled Mind+ Machine: A Decision Model for Optimizing and Implementing Analytics, ISBN 9781119302919, by Marc Vollenweider, Published by John Wiley & Sons. No part of this book may be reproduced in any form without the written permission of the original copyrights holder.

本书中文简体字版由约翰·威立父子公司授权机械工业出版社独家出版。未经出版者书面许可，不得以任何方式复制或抄袭本书内容。

本书封底贴有 Wiley 防伪标签，无标签者不得销售。

人机共生：洞察与规避数据分析中的机遇与误区

出版发行：机械工业出版社（北京市西城区百万庄大街 22 号 邮政编码：100037）			
责任编辑：张梦玲		责任校对：殷 虹	
印　　刷：三河市宏图印务有限公司		版　　次：2018 年 3 月第 1 版第 1 次印刷	
开　　本：170mm×242mm 1/16		印　　张：18.25	
书　　号：ISBN 978-7-111-58823-8		定　　价：69.00 元	

凡购本书，如有缺页、倒页、脱页，由本社发行部调换

客服热线：（010）88379426 88361066　　　　　投稿热线：（010）88379604

购书热线：（010）68326294 88379649 68995259　　读者信箱：hzit@hzbook.com

版权所有·侵权必究

封底无防伪标均为盗版

本书法律顾问：北京大成律师事务所 韩光／邹晓东

数据分析已经有多年的发展历史了。从 20 世纪 90 年代早期的商务智能报表、多维分析等信息获取类工具分析企业运营的问题、预测业务发展趋势，到最近 10 多年机器学习在工业界的大量成功应用，尤其是大数据技术的兴起，数据产生的速度和数据量前所未有，数据分析的方法和工具能力日新月异，企业对数据加工的深度和利用率获得前所未有的提升。从数据中探查业务相关的信息和知识，并实现数据的价值，数据分析普遍成为各行各业企业竞争的工具。

数据分析是机器智能的基础。就目前的数据收集、加工水平来看，数据分析并不是万能的。业务数据还存在着质量问题，机器学习的算法对含噪声数据的处理效果并不理想。另外，尽管数据量增加迅速，但与业务领域有关的全量数据收集还比较困难，数据孤岛还广泛存在。在企业界，最近几年颇有影响的深度学习算法在图像识别、语音处理、语义理解等领域取得了引人注目的成绩，机器智能在某些领域的表现超过人类，为人类的思维提供了有价值的信息和知识，辅助人类更好地解决问题。但必须看到，机器智能基本还限制在模拟人的智能的层次，应用范围还有一定的局限。人类对自身大脑的结构和思维机理认识还在探索中。在这种情况下，人的思维或心智，尤其是在常识推理、创新性设计、基于情感的价值判断等领域，机器智能还望尘莫及。而机器在统计推理、大规模计算等方面远超过人类，可以帮助人们发现一些有用的信息和模式。人的心智和机器智能结合（后文称为人机共生）将会大大提升业务决策的质量。因此，如何结合机器智能与人的思维能力来改善企业各层人员的决策能力就成为一个重要的问题。

本书分为三个部分，分别阐述在结合人的心智和机器智能过程中如何避免数据分析的错误认识、实现人机共生的机会以及主要方法。

首先针对人机共生（mind+machine）的问题，总结了在业界流行的一些常见偏见，它们会阻碍人们充分利用数据分析。这些对数据分析的谬误性认识，存在于很多企业中。这些认识包括对大数据分析的过度崇拜、数据量的大小对分析结果的影响、数据治理、数据分析团队、组织重组对数据分析的影响、知识管理对分析用例投资回报率的影响、机器智能的能力高估、数据分析项目的风险等方面。对于成功的数据分析项目，如何避免这些问题、培养正确的数据思维和数据价值观，作者都给出了详细的讨论。

机器智能和人的心智各有所长，互为补充，因此人机共生是未来数据分析的最好方式，这在很多行业的应用中都得到了证明。第二部分讨论了为人机共生带来有利机会的 13 个趋势，从云计算与移动应用、物联网的应用、知识环的监管、多客户端应用、数据隐私保护、共享经济、知识管理、工作流与自动化、人机交互、外包合作等方面讨论了促进人机共生的手段。对于需要开展数据分析的企业而言，这些手段对充分利用上述这些前所未有的机会，提升数据分析项目的成功率，实现数据的变现价值，都具有重要的参考价值。

针对上述问题，第三部分采用用例的方法，列举了实现人机共生的 15 种典型的方法，涉及人机共生的分析用例方法、知识环的规划、基于问题树的数据选择、工作流的正确使用、终端用户的服务、用户体验的指导原则、成功的知识管理规则、心智的相容、知识产权与知识对象、用例组合的治理、用例的交易与共享等方法，这些方法为企业如何利用机器智能、提升人的决策能力，给出了比较实用的启发。

本书不是一本关于数据分析的技术书籍，没有复杂枯燥的算法、工具和系统介绍，但对于企业管理人员深入认识数据分析在企业决策中的作用、避免一些导致数据分析项目失效的错误认识、提升业务决策中利用机器智能的效果，提供了数据思维以及方法论的指导。本书是作者多年实践的领悟以及经验总结，比较适合关注、领导数据分析项目的管理人员，或者对数据分析有兴趣的人士阅读参考。

本书翻译过程中王景韬、齐梓熙、赵洪博、朱荣斌、于召鑫、黄黎明、胡远文等同学帮助校对了部分书稿，在此表示感谢。由于译者水平有限，原书语言也有一定难度，难免存在不妥之处，请读者不吝指出。

赵卫东

2017 年 10 月

复旦大学

····前　　言··

感谢你购买这本书。

2015 年，在研究和分析领域工作 15 年之后，我们决定创立采用人机共生概念的 Evalueserve 公司。我相信，人类大脑的感知力与自动化的结合是至关重要的，因为无论是人的心智还是机器，在未来都没有独立处理复杂的分析任务的能力。

John Wiley & Sons 的编辑小组在 2015 年 11 月与我联系，询问我是否愿意写一本关于人机共生方法如何帮助管理信息密集流程的书籍——这是一个全世界公司都越来越感兴趣的话题。我从客户、朋友和同事那里获得了非常积极的反馈意见，并决定开始实施。

本书面向销售、营销、采购、研发、供应链等主流业务的中高层管理人员，尤其是 B2B 和 B2C 行业的管理人员，即读者对象是数据分析的潜在受益者和终端用户，以及可能需要在现在或将来根据分析结果做出决策的人。这本书并不是针对数据科学家的技术文档——尽管如此，我坚信，即使是那些专家也可以从分析中理解获得投资回报的主要问题。

本书不会研究特别高级且罕见的分析用例，针对这些用例已经有专门的教科书。相反，本书正在寻找有效的方式，为管理和改善决策以及获得积极的投资回报提供实际的帮助。

阅读本书后，你应该已经了解分析领域人机共生价值链的关键问题，并能够向数据科学家、IT 专家和供应商询问正确的问题。在你为一个新提案花费数百万美元之前，应该了解可用的选择和方法。你将会学到一些有用的东西来揭示分析世界。

本书还提出了一种新颖的方法，即用例方法（Use Case Methodology，UCM），以提供一套有形和经过测试的工具，使你的生活更轻松。

本书采用 39 个详细的用例和大量的生活实例说明人机共生的应用。相信你会从中发现自己的一些经验。你会发现，你绝非世上唯一在试图理解和学习数据分析的人。

正是以下这两段对话，让我想用这些点子来解决世界各地的分析问题。

一家 B2B 公司的高级生产经理对我说的第一句话就是：

"Marc，这次会议是关于大数据的吗？如果是的话，我这就走。供应商说我必须安装一个数据湖，并且雇佣大量稀缺且昂贵的统计学家和数据科学家。董事会说我必须在大数据方面做一些事情。但这实在是价格高且复杂，毫无道理。我只是想确保一线人员能及时获得他们需要的东西。我不断听到其他公司的反馈，在数据分析项目初步开展以后，他们不能适应这些分析项目，业务人员一直在抱怨工作进度慢，首席财务官也在询问许多关于大数据方面财务支出的问题。"

在一场与某家资产管理公司的首席运营官（COO）确定项目范围的会议期间，这位 COO 说：

"我们每年都为养老基金和其他机构投资者做数千个推销活动。我们拥有超过25 种不同的数据来源，具有定量数据和定性信息以及许多区域性数据。但是，我们仍然在手动聚集所拥有的资产，并通过电子邮件完成法律部门的签发程序。一定有比这更聪明的办法。"

为什么数据分析的争议颇多，挑战很大？为什么管理者会因为过于夸张且陌生的新举措和流程而感到厌烦，以及因为没有更好的方式来完成工作而感到沮丧（尽管所有的变化都涉及更好、更大和更机智的分析）呢？

典型的直线经理希望以正确的格式在合适的时间为合适的人提供正确的决策支持。个人和公司全力以赴地吸收信息的能力并没有跟上分析用例和可用数据的迅速增长。此外，现有的和新的合规性要求正在以惊人的速度累积，特别是在重点监管行业，例如金融服务和医疗保健。

分析本身并不是真正的问题。在大多数情况下，组织内部的业务运筹才是问题：对工作流进行定义并有效地执行，即对内部调整、IT 项目的操作复杂性以及其他阻碍进展的组织性障碍的决策。这些复杂情况会拖慢进程，或者使项目脱离最初的目标，从而导致分析的实际受益人（例如大客户经理，或者实地采购经理）不能及时得到所需。

许多其他问题困扰着分析界："数据湖"和"神经网络"这些非直观术语的扩

散、数据分析心理的时常忽视，由此促使公司过度执着于数据力量，并且将实际操作过于复杂化，以及过度的市场炒作导致技术无法实现承诺。

基于与数百个 Evalueserve 公司的客户以及前同事在战略咨询领域的交流，一般管理人员对于简化框架的需求越来越迫切，使得信息密集型的决策支持过程更加经济且有效。简单流程总是优于复杂和不透明的流程——分析领域也不例外。

我想揭示分析的真谛。据观察，大数据和人工智能等术语在媒体中正受到高度关注，以至于最为基本的日常分析主题被忽视，例如，问题定义、数据收集、数据清理、数据分析、可视化、传播以及知识管理等主题，我将从这个观察出发进行论述。将大数据应用于每个分析问题就像采用一种高度精确的厨具，例如一种精细平衡的寿司刀，并尝试将其应用于每一项任务。虽然在好几个领域出现了非常有用的大数据用例，但是它们在数十亿的分析用例中仅占 5%。

其他 95% 的用例是什么？**小数据**。有这么多分析用例需要小数据来产生很大影响，这实在是不可思议。在所有表明这一问题的用例中，我最喜欢的一个用例是，仅依靠 800 位数据信息就为一家投资银行每年节省了一百万美元的重复投资。第一部分将详细讨论这个用例。

的确，并不是每一个用例都是这样，但是我想说明一点，企业有很多机会利用非常简单的工具来分析现有的数据，并且投资回报率与数据集大小之间几乎没有相关性。

本书专注于端对端的支持决策或产生基于信息的输出的信息密集流程，例如推销员的宣传或者研究以及数据产品，无论是对内部接受者，还是外部客户。这包括所有类型的数据和信息：定性和定量；金融、商业和运营；静态和动态；大量和少量；结构化和非结构化。

人机共生的概念通过人类思维与机器的结合改善了生产率、上市时间和质量，或者创造了以前不存在的新功能。本书并不涉及物质产品的生产，也不关注工业 4.0 模式中对实物机器或者机器人的使用。此外，本书将研究全面的端对端分析价值链，这远远超出了解决分析问题或获得某些数据的范围。最后，会讨论如何确保分析协助人们赚钱，并满足客户需求。

第一部分将研究分析领域的当前状况，澄清那些混淆正确看法的 12 个谬误。令人惊讶的是，这些谬误在媒体甚至高级管理层都已经根深蒂固。希望第一部分能为你提供工具，用以应对营销炒作、达到高级管理层的期望，以及理解该领域的术语。第一部分还包含前面提过的 800 位数据的用例。相信你已经迫不及待地想要阅读细节了。

第二部分将研究影响分析和推动积极变化的主要趋势。这些趋势对于该领域的大多数用户和决策者来说基本上是一个好消息。它大幅简化了流程，由此降低了 IT 支出，缩短了开发周期，并增强了用户界面，为可盈利的新用例建立了基础。这一部分主要研究以下重要问题：

- ❑ 物联网、云技术和移动技术发生了什么？
- ❑ 这将如何推动新的数据、新的用例和新的交付模式？
- ❑ 数据资产、替代数据和智能数据的增长速度有多快？
- ❑ 终端用户快速变化的期望到底是什么？
- ❑ 人机应该如何相互支持？
- ❑ 现代工作流管理和自动化让事情加快了吗？
- ❑ 现代用户体验设计如何改善影响？
- ❑ 类似"现收现付"这样的商业模型与分析如何相关？
- ❑ 监管环境如何影响分析计划？

第三部分将介绍人机共生中的最佳实践。这一部分将通过用例方法（UCM）来分析端对端的价值链，重点关注如何完成任务。你将发现如何设计和管理个人用例的实用建议，以及如何管理用例的组合。

本书还会解决一些关键问题：

- ❑ 什么是分析用例？
- ❑ 我们应该如何考虑客户的利益？
- ❑ 用例的正确分析方法是什么？
- ❑ 我们需要哪种程度的自动化？
- ❑ 我们如何在合适的时间以合适的形式满足终端用户？
- ❑ 我们如何准备应对合规性的必然检查？
- ❑ 我们从哪里可以获得外部帮助，什么是实际成本和时限期望？
- ❑ 我们如何重用用例，以缩短开发周期并提高投资回报率？

然而，仅仅关注个别用例是不够的，还应该放眼整体用例组合的管理。因此，这一部分还将回答以下问题：

❑ 我们如何寻找用例，并对其划分优先顺序？

❑ 需要什么层次的监管以及如何设置？

❑ 在用例组合中，我们如何发现用例之间的协同效应，并重用它们？

❑ 我们如何确定它们实际上提供了预期的价值和投资回报率？

❑ 我们如何管理并治理用例组合？

在第三部分的最后，你应该能够解决人机共生的主要问题，这涉及单个用例，也包括用例组合。

本书使用了大量通俗用语来解释问题，避免过多的专业用语。其中一些表达可能有些唐突，但是我希望这些表达使阅读变得有趣，让对逻辑要求很高的分析主题轻松化。如果在阅读本书的过程中读者能被逗笑几次，那么我的目的就达到了。

我很开心能和读者一起畅游人机共生的世界，感谢大家选择我作为向导。让我们开始吧！

·· 致　谢 ··

　　衷心感谢 Evalueserve 公司的忠实客户、员工和合作伙伴，没有他们的贡献，这本书是不可能完成的；感谢四个外部贡献者与合作伙伴：来自 Every Interaction 的 Neil Gardiner，来自 Acrea 的 Michael Müller，来自 State of Flux 的 Alan Day，以及来自 Stream Financial 的 Stephen Taylor；感谢我们的品牌代理机构 Earnest 在品牌创造方面的思想领导力；感谢 Evalueserve 团队，感谢我们的合作伙伴 MP Technology、Every Interaction、Infusion、Earnest 和 Acrea 的所有团队，感谢你们创建并定位了 InsightBee 以及其他人机共生平台；感谢本书所有用例的创作者、所有者及其各自的运营团队；感谢帮助维持项目正常运行的 Jean-Paul Ludig；感谢 Derek 和 Seven Victor 在本书编写过程中提供的巨大帮助；感谢 Evalueserve 公司的市场团队；感谢 Evalueserve 公司董事会和管理团队替我分担了大量运营工作，让我得以写完这本书；感谢 John Wiley & Sons 给我这个机会；感谢 Ursula Hueby 这些年来保证 Evalueserve 公司的物流正常运行；感谢我们的前任首席运营官 Ashish Gupta，感谢他作为朋友从一开始就帮助我创立公司；感谢 Alok Aggarwal 和我共同创立公司；感谢他的妻子 Sangeeta Aggarwal 介绍我们相识；最重要的是，感谢我的贤妻 Gabi 这些年来一直支持我，并积极参与了 Evalueserve 公司的所有重要活动，成为我在日常生活中和进行重要思维实验时的重要合作伙伴，同时鼓励我深入探讨这些人机共生分析各类参与者的心理。

Marc Vollenweider

Marc Vollenweider 是全球提供研究、分析和数据管理解决方案的 Evalueserve 公司的联合创始人。作为麦肯锡苏黎世和印度公司的前合伙人，Marc 培养了对数据分析世界的浓厚兴趣，特别是人类思维和智能机器如何能够互补方面。他认为公司可以通过利用人机共生来提高生产率，缩短上市时间，提高产品质量，并获得新的潜能。

他曾在瑞士苏黎世联邦理工学院学习电信工程，并于 1991 年在法国 INSEAD 大学获得工商管理硕士学位。在 1998 年他是麦肯锡合伙人，并前往快速增长的印度市场而成为一名地理企业家。在那里，他遇到了 Evalueserve 公司的联合创始人，决定成立一家合资企业。Evalueserve 公司成立 16 年以来，在数据、信息、洞察力和知识的战略重要性日益增长的推动下迅速扩张，现在拥有 3500 多名员工，服务于全球的金融、专业服务公司和中小企业。

Marc 对创新的迷恋让他在 Evalueserve 公司建立了一系列内部企业。他是 InsightBee 数字模型的负责人，也就是 Evalueserve 公司新的现收现付研究和分析解决方案的负责人。

Marc 认为自己是一个"自我意识的书呆子"，他很清楚技术人员与终端用户及决策者之间的沟通挑战。使用人机共生模式，他正试图通过揭示和简化数据分析的世界来弥合这种沟通差距。

Marc 和他的妻子 Gabi 共有 4 个孩子，那是一个非常和睦的家庭。家人是他生活中的真正灵感。Gabi 从事心理治疗实践，并启发了这本书关于心理学分析的部分，这是一个无人写过的话题。他们曾经在瑞士、奥地利、印度、新加坡、美国和英国生活过，全家人对其他文化有着深刻的理解。他们还分享了对山脉、不常参加的高尔夫球赛的热爱。

有关 Evalueserve 公司和人机共生方法的更多信息，请访问 Evalueserve 公司的博客（evalueserve.com/blog），Marc 是非常活跃的贡献者。

你也可以在 LinkedIn 上找到 Marc，或者在 Twitter 上关注他，或者直接通过电子邮件与他联系。

LinkedIn: linkedin.com/in/marcvollenweider

Twitter: @vollenweide

Email: marc@evalueserve.com

第一部分　人机共生的 12 个谬误之最

•• 用例清单 ••

第一部分

人机共生的 12 个谬误之最

人机共生的机遇奇多，并且仍在不断增加。许多公司已经开始成功利用这个潜能，围绕智能思维和有效的机器建造完整的电子商务模型。除了巨大的投资回报率（Return on Investment，ROI），隐患也同时存在，尤其当你陷入相信数据分析的大众看法（这些观点经过仔细检查后发现都是谬误）的陷阱时。

现今的方法存在严重局限性，有些供应商可能不同意这个观点，但是分析界正在表现出一些明显且无可争议的现象，尽管情况不尽如人意。为了保证读者能够顺利理解人机共生，本书提供了一些关于陷阱和谬误的洞察力。这些洞察力读者很可能也会遇到。

首先，要确保大家都知道，什么是成功的分析：在合适的时间点以恰当的形式将正确观点传输给合适的决策者。除此之外的任何分析都略次一筹，即不能让所有相关者都满意。

很简单，我们用餐饮服务作为对比。一家饭店的成功意味着食物可口，摆盘恰当，并且能及时送餐。如果食物不能及时送达，就算有一个好的主厨也不够。同时，如果食物不可口，或者餐具摆放错误，服务无论怎么高效也无济于事。

分析对于业务的影响应当正面并且强大。然而，许多机构都在努力并在分析工具上耗费了数百万乃至数千万，但是当需要某种可用形式的洞察力时，却不能获得高质量的结果，因此没有得到恰当的投资回报。为什么会这样？

分析服务的基本需求是为决策支持提供事实和数据。在许多经理心中，这是关于数据越多、质量越好的问题。而寻找数据的过程是绝对没有问题的！相对便宜的计算和存储能力正在迅速进入寻常百姓家，但是信息来源的增加并没有跟上这一步伐。大量数据与先进计算能力的结合是解决所有分析问题的唯一方法，这实在令人向往。但是不能低估人为因素。

　　我仍清晰地记得在苏黎世麦肯锡公司的第一年。1990 年，我接手的第一批项目之一就是织布机行业的一个策略研究。非常幸运，我们能力超强的资料组获取了一份 160 页的分析报告，其中我发现了大约 40 个有用的数据点，以及一些很好的定性描述。我们还组织了 15 个定性的走访，并找到了另一个有用的资料来源。

　　按照今天的标准，这份报告提供了一份总数据量在 2000 ～ 3000 字节的相关综合研究。我们利用这个信息，在一个普通笔记本电脑上用 Lotus 1-2-3 创建了一个小而稳定的模型。这些观点后来被证实是准确的：在 2000 年，我们的分析结果仅比市场预测结果低了 5%。

　　当然，这可能仅仅出于运气好，但是我想说的是，有价值的洞察力（寻找"那又怎样（so what）？"）是需要思考的，而不仅仅是大量数据和原始计算能力——许多人将此看作分析的正确途径。像这样的谬误以及本书这一部分所描述的谬误正在拖累分析的发展，阻止其实现自身的全部潜能。

谬误 1

大数据无所不能

从 Google 到初创分析公司，许多公司已经成功依靠大数据提供的机会创建了自己的商业模型。大数据分析的应用领域不断拓展，包括媒体流、企业对消费者（B2C）营销、金融服务的风险和合规性、私营部门的监督和安全性、社交媒体监控和预防性维修策略（见图 1.1）。然而，在每个分析用例中都应用大数据分析，并不总能保证产生最佳投资回报率。

图 1.1　受大数据影响的领域

在深入探索"大数据谬误"之前，需要定义用例，一个将会在本书中多次出现的术语。参考定义如下：

"用例是一种端到端的分析支持解决方案，能够一次或多次为一个或一类面临单一业务问题并需要做出决定或采取行动或及时提供产品、服务的终端用户在解决问题时提供决策支持。"

这个定义暗示着什么呢？首先，用例的关键所在是终端用户及其需求，而不是数据科学家、信息学家或分析服务供应商。其次，用例的定义不在于将数据指定为小的或大的、定性的或定量的、静态的或动态的——输入数据集的类型、来源和大小都是开放的。解决方案是由人类还是机器或者两者的结合提供并没有被明确定义。然而，决策支持的及时性和端到端特性，也就是从数据创建到向决策者提供建议的完整工作流有明确的定义。

现在，回到大数据本身：大数据用例的列表在过去十年中取得了显著的增长，并有持续增长的趋势。随着社交媒体和物联网的到来，我们面对着大量且不断增长的信息来源。持续的数据流越发普遍。随着提供大数据工具的公司如雨后春笋应运而生，人们正在想象越来越多的分析可能性。

当我们谈论大数据或者实际上的小数据时，会遇到的问题之一是缺乏对这个术语的唯一定义。这是一个很好的炒作行为：一个有吸引力的名字与模糊的定义。在研究本书时，我发现了不少于 12 个不同的大数据定义！我当然不会列出所有这些定义，而是把它们分为两个方面，即技术人员的定义和人类学家的定义，以帮助读者理解。

一般来说，技术人员从数据量、速度、多样性（类型包括文字、声音和视频）、结构（可以表示结构化，例如表格和图表；或非结构化的，例如来自社交媒体渠道的用户评论）、随时间的变化性和真实性（即质量保证水平）的角度来定义大数据。这个定义有两个基本问题。首先，没有人对数据量的大小规定了任何普遍接受的限制，显然数据量是一个不断变化的目标；其次，由这个定义看不出明确的"那又怎样？"（so what）的洞察。究竟是什么让所有这些高度变化的因素在终端用户那里变得如此重要？

人类学家的观点是以目标为导向。维基百科对此提供了一个优雅的定义，表达了大数据的含糊概念、相关活动和最终目标：

> 大数据是有关数据集的术语，其数据集非常庞大而且很复杂，以至于传统的数据处理应用不足以分析。面临的挑战包括数据的分析、获取、管理、搜索、共享、存储、传输、可视化、查询和更新。该术语通常指使用预测分析或某些其他高级方法从数据中提取价值的方法，很少谈及数据集的规模大小。精准的大数据分析可以提高决策质量，减少支出，降低风险。

在当前的夸大宣传之前，大数据的高投资回报率用例是存在的，例如 B2C 营销分析和广告、风险分析以及欺诈检测。这些用例已经在市场上持续地证明了自己的价值。还有用于科学研究、国家安全和监督的用例，其中投资回报率难以衡量，但是在知识和安全领域出现了可观察到的收益（尽管后一种收益经常出现在讨论之中）。

本书还添加了一组用例，以帮助读者深入了解正在学习的知识在现实中的应用。它们都遵循相同的格式，以帮助读者快速找到最感兴趣的信息。

分析用例格式

　背景：简要概述用例来源，即行业、业务功能和地理信息。

　商业挑战：客户需要实现的解决方案。

　解决方案：用于创建该解决方案的方法或流程的说明。

　方法：有关创建解决方案以及人机共生强度图的步骤的详细信息，说明解决方案实施过程中关键阶段人的心智与自动化之间的平衡变化。

　分析挑战：要解决的关键问题以及在解决方案中应用的人机共生方面的相对复杂性的说明。

　收益：对生产率、上市时间和质量的积极影响以及来自解决方案的新功能。

　实施：将解决方案变为现实（开发、实施和维护（如适用））所需的主要成就和投资及工作量，尽可能地说明可用之处。

　我想谈及一些目前正在开发的更令人激动的项目，以展示分析所带来的可能应用。在这些情况下，一些生产率增益和投资指标是估计值，并标注为（E）。

创新分析：新兴行业增长指数

背景

组织	**职能**
企业创新部门	公司在新兴领域的投资
对冲基金、私募股权投资与	
创业投资公司	

行业	**地理位置**
企业与金融服务	全球

商业挑战

- 建立指标来预测特定新兴行业在不久的将来增长的概率
- 从数千个文件中阅读和解释技术及业务文本

解决方案

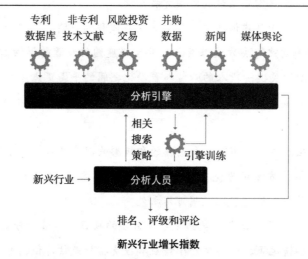

新兴行业增长指数

方法

- 制定了概念证明，从而人工创建行业无关的指标
- 设立以 4 人为单位的全职团队（这 4 人分别来自分析、知识产权、金融服务和业务部门）
- 部署文本分析工具（KMX），通过自由文本专利检索自动化创新强度排名
- 创建生产平台，汇总不同的数据集和半自动增长预测指标

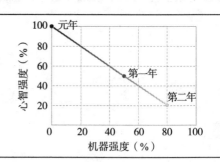

（续）

分析挑战

- 需要集成的数据集的多样性
- 对文本分析引擎进行迭代训练，准确读取大量文本
- 合理安排分析师的参与，以及把相关的数据与不相关的数据隔离的时间
- 随着时间的推移微调参数，提升高增长概率

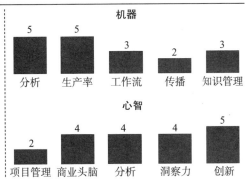

收益

生产率	上市时间	新能力	质量
• 将对分析师的需求降低 50%～90%	• 3 个月内建立产品概念 • 9 个月内得到产品	• 去除创新优先标准的主观性 • 允许对有吸引力的市场优先级更快地排序，更好地判断下一个行业浪潮	• 高准确度地预测新兴行业拐点 • 初始准确度约为 70%，并且通过分析师干预和迭代引擎训练进行准确度提升

实施

- 实现概念证明，3 个月 6 个 FTE ⊖
- 数据仓库，平台开发和测试，6 个月 8 个 FTE
- 此后，每季度重复参与，1 个月 3 个 FTE
- 第一年的预算为 50 万美元
- 运营成本包括每年 10 万美元的数据库成本和 2～3 个 FTE 的支出

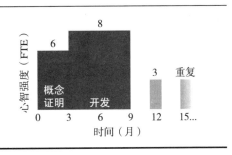

⊖ FTE（Full-Time Equivalent）指等量的全职工作。财务共享中心常用的一种计算工作量的单位，它与员工数量是不同的。

　　大数据被夸大宣传源于三个因素：新的数据类型或来源的出现，例如社交媒体；互联设备的可用性增加，从手机到机器传感器；短时间内分析大量数据集的方法的演化。这些可能性使得大数据分析用例不断增加。我们不能说这些未经测试的用例有多少会幸存。但是最终问题的关键不在于用大数据分析做什么，而是大数据分析能够给终端用户带来多少价值。

　　Gartner 预测，2017 年会有 60% 的大数据计划失败 [1]。Wikibon 是一家开源调查公司，它认为大数据项目的平均投资回报率目前只有 55 美分，而不是预期的 3～4 美元 [2]。后者的评估不是由首席财务官做出的，而是直接来源于从业者，他们认为对这些用例中的大数据"缺乏迫切需求"是低回报的原因。然而，我们的经验是越来越多的首席财务官在询问这种分析的可行性。

　　对于大型公司来说，对大数据基础设施和专业知识的投资可以轻易地达到数千万美元。很明显，在做任何这样的投资之前，公司都希望充分调查这个需求，但是在 2012 年的 BRITE / NYAMA "转型中的市场营销计量"研究中，有 57% 的公司自称其营销预算不是以 ROI 分析为基础的 [3]。

　　不幸的是，度量分析用例的投资回报率并不像听起来那么容易。特别是在公司投资诸如数据中心、软件许可证和数据科学家团队等基础设施时尤其如此。正确计算用例级别的预期影响需要相应的治理和控制，这在现阶段很少见。对于继续作为 Evalueserve 客户的公司进行了一系列初步访谈，发现有 7 个领域在某些情况下几乎是完全缺乏的：

　　1. 数据和用例所有权的管理结构。

　　2. 个人用例、投资组合管理以及关联经济责任。

　　3. 分析用例的明确定义。

　　4. 每个用例的目标和预期的终端用户利益。

　　5. 跟踪目标的实际结果。

　　6. 知识管理，从而允许有效地重用先前的工作经验。

　　7. 对于代码、数据和调查的人员、时间安排、操作和结果的审计跟踪。

　　也就是说，优秀和高度集中的大数据用例管理实例是存在的。用例"交叉销售分析：机会仪表盘"展示了可信性（solid accountability）。银行的竞选管理功能持续计算端到端竞选活动的投资回报率，并为此类分析的投资组合建立了一个聚焦工厂（focused factory）。

一个较弱的大数据用例来自最近美国一家人力资源分析初创公司。这个用例说明了当前大数据炒作的一些根本问题。前顾问和国家安全代理人建议使用为监控领域开发的软件衍生产品进行分析。基于求职者过去五至十年的工作申请、简历和求职信以及相应的绩效数据，黑盒算法将为新求职者构建绩效预测模型。该软件将在收到新的申请数据后提供聘用或不聘用的建议。

我们拒绝该提案的原因有两个：数据隐私问题和预期的投资回报率。参与了数以千计的面试后，我对简历有着简单的看法：它们包含了大量经过修饰的基础信息，并且基本上隐藏了候选人的真实个性。我认为在过去的二十年里简历的信息推测价值有所下降。简历的文化偏见让人联想到另一个问题——人的接触，最好是眼神沟通，仍然是看穿这些伪装的唯一途径。

因此，黑盒算法将会有非常严重的信息缺乏问题，因此其不仅仅效率低，而且会产生许多错误决策，从而导致负投资回报率。当受到该质疑时，初创公司的销售人员表示，必须由人员亲自检查才能找到假阳性用例。由于涉及黑盒算法，所以无法知道软件是如何得出结论的，所以需要重新分析 100% 的分析结果，导致投资回报率进一步降低。

同样有趣的是，这个用例是作为大数据范例展示给大家的。作为一个迎合大数据潮流的典型例子，即使在最极端的情况下，我们的人力资源绩效数据也不会超过 300 ～ 400MB，这几乎不构成大数据。因此我们最终还是要回到谨慎的营销语言和相应的承诺！

这只是两个单独的用例，当然不足以让任何接受过统计学训练的人员（包括我自己在内）信服。因此，有必要研究整体人口统计中相关的大数据分析。据我所知，这个领域还没有人研究过。

首先，有必要计算分析用例的数量，并将其放入各种类别中以创建人口统计分析图（见图 1.2）。一个注意事项：统计分析用例由于定义的可变性变得棘手，所以图像中存在误差，尽管我认为误差数量级不会很大。

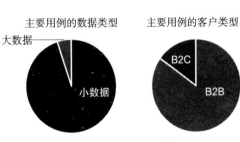

图 1.2　用例的人口统计

交叉销售分析：机会仪表盘

背景

组织 美国零售银行	**职能** 区域经理和财务顾问
行业 零售银行业	**地理位置** 美国

商业挑战

- 确定目标客户和有趣的产品，而不需要集中的客户组合
- 有效和安全地分发客户数据，以支持机会识别
- 让区域经理对其财务顾问进行最优监督

解决方案

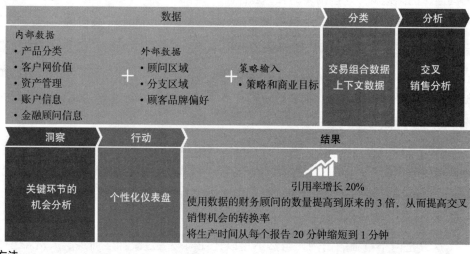

数据

内部数据
- 产品分类
- 客户网价值
- 资产管理
- 账户信息
- 金融顾问信息

外部数据
- 顾问区域
- 分支区域
- 顾客品牌偏好

策略输入
- 策略和商业目标

分类
交易组合数据
上下文数据

分析
交叉
销售分析

洞察
关键环节的
机会分析

行动
个性化仪表盘

结果
引用率增长 20%
使用数据的财务顾问的数量提高到原来的 3 倍，从而提高交叉销售机会的转换率
将生产时间从每个报告 20 分钟缩短到 1 分钟

方法

- 创建一个仪表盘，以便财务顾问识别最佳的交叉销售机会，并通过合适的产品为他们的客户生成个性化报告
- 开始为管理人员自动生成每周机会摘要
- 实施过滤，财务顾问只能看到客户的信息，管理者只能看到他们所在地区的信息

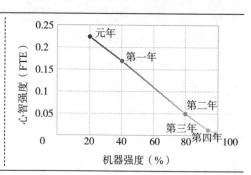

（续）

分析挑战

- 减少数据处理时间，从而得以跨数据段进行多次迭代和复制
- 在有关数据安全的财务咨询法规下工作
- 确保在合适的时间只有合适的人能获得合适格式的必要信息
- 为区域经理提供适当的监测功能

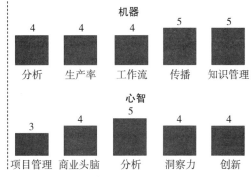

机器

分析	生产率	工作流	传播	知识管理
4	4	4	5	5

心智

项目管理	商业头脑	分析	洞察力	创新
3	4	5	4	4

收益

生产率	上市时间	新能力	质量
• 引用率增加 20% • 为投资客户增加份额	• 报告生成时间从超过1 周降低至 1 小时	• 经纪和零售银行业务部门加强合作 • 为每个金融顾问生成个性化的报告	• 理财顾问提高财务咨询流程的效率和透明度

实施

- 生产时间从 3 个月以上降低至 345 小时（包括设计、开发和测试）
- 快速采用：与以前的系统相比，使用这些报告来规划交叉销售策略的财务顾问数增加了 3 倍

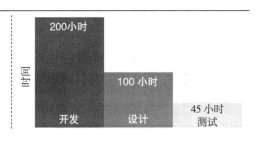

图 1.2 说明了第一个关键点：大数据是分析世界的一个小部分。先来看看这个评估用例数量的重要结果：

1. 在全球范围内，主要用例估计达 10 亿个，其中约 85% 为 B2B 公司，约 15% 为 B2C 公司。主要用例被定义为需要通过给定行业和地理位置的公司的业务功能（例如营销、研发）进行分析的通用业务问题。其中一个用例可能是德国制药

行业特定品牌的销售人员绩效的月度分析，在德国销售抗癌药物的每家制药公司都进行了类似的分析。

2. 约 30% 的公司需要高强度分析，约占主要分析用例的 90%。具有多个国家分支机构和全球部门的公司以及复杂程度较高的国内公司是这类用例的主要参与者。

3. 在查看二级用例实施时，这些用例数量在全球范围内增加到惊人的 500 亿～ 600 亿个，这被定义为整个业务年度的主要用例的微观变化。例如，不同包装机器中略微不同的材料或传感器包装可能需要变体分析，但是"包装机器的预防性维护"的基本使用情况仍然保持不变。虽然这不是一个精确的科学，但是这种主要与二级的区别对于计算物联网和工业 4.0 领域的分析用例数量将是非常重要的。传感器配置的简单变化可能会导致大量全新的二级用例，这反过来将导致大量额外的分析工作，特别是这些用例不适当地被重新使用。

4. 只有大概 5%～ 6% 的主要用例真的需要大量数据和相应的方法、技术。这个发现完全违背媒体和公众观念中的大数据形象。虽然大数据用例数量在不断增加，但是可以认为小数据用例也是如此。

相关结论是，数据分析主要是逻辑挑战，而不仅仅是一个分析挑战。以持续和有利可图的方式管理日益增长的用例组合才是真正的挑战，并将这个状态持续下去。在会议上，许多高管告诉我们，他们没有利用公司已经存储的小型数据集。我们已经看到，94% 的用例真的是处理小数据，但是否会因为这些用例基于小数据集而产生较低的投资回报率？答案是不会——再次完全违背媒体所描绘的形象和大数据供应商的推销词（sales pitch）。

我想给大家说（这个观点在与客户会晤期间不可避免地受到一些嘲讽）："小数据也很美。"事实上，我认为一个小数据用例的平均投资回报率要高得多，因为小数据的投资比较低。为了说明我的观点，我想介绍"订阅管理：'800 位用例'"。我非常喜欢这个用例，因为它是我的观点的一个极端的例证。

如果只使用人力资源信息的 800 位，投资银行每年会节省 100 万美元，创造出百分之几千的投资回报率。这是如何做到的？答案是银行分析师使用了大量昂贵的通过个人座位许可证支付的数据库数据。在 1 月份的红利时间之后，抢椅子游戏开始，许多分析师团队加入竞争对手机构，此时应取消他们的座位许可证。在这种情况下，这个步骤根本没有发生，因为没有人想到及时向数据库公司发送相应的指令。因此，银行每年不必支付约 100 万美元。为什么是 800 位数据？显然，被雇佣（"1"）、未被雇佣（"0"）都是称为"位"的二进制信息。该银行有 800 位分析师，则拥有 800 位人力资源信息，分析规则几乎令人尴尬："如果不再雇佣，发送电子邮件终止座位许可证。"所有需要做的事情是简单地搜索人力资源雇佣信息中就业状况的变化。

　　关于这种用例的惊人之处在于它只需要一些可靠的思考，将一些就业信息与数据库许可证相关联。的确，并不是每一个用例都是有益的，但是多年的经验表明，良好的思维结合正确的数据可以在许多情况下创造很多价值。

订阅管理："800 位用例"

背景

组织 投资银行	**职能** 销售方研究
行业 金融服务	**地理位置** 全球

商业挑战

- 按地区、团队和分析师级别收集和更新订阅信息
- 创建一个集中的信息库，提供详细的订阅和许可证信息
- 定期提供有关使用和成本的定制报告

解决方案

方法

- 整理和分析客户需求报告
- 从多个来源整合所需的数据（内部数据库、采购团队、业务经理和用户）
- 自动进行数据提取过程
- 创建动态仪表盘以提供所需参数的自定义图表

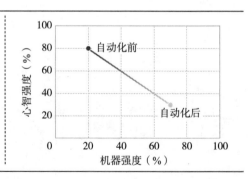

（续）

分析挑战

- 从各种来源的多个文件中提取所需数据
- 通过适当的编码使数据合并到一个文件
- 提供一致和易于阅读的可视化

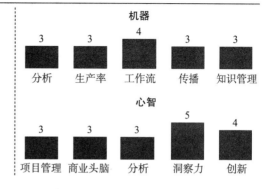

收益

生产率	上市时间	新能力	质量
• 所有订阅的集中视图 • 每年节省超过 100 万美元	• 交付速度提升 70%	• 条款和条件准备就绪 • 用户自我认证确认要求 • 优化使用和花费建议	• 由数据提取和整合的自动化导致的零错误率

实施

- 1 个全职团队在 3 周内开发了定制的自动化工具
- 在两个报告月份提交最初版本的仪表盘，以获得反馈
- 在第 3 个报告月份开始时纳入反馈并实施最终版本

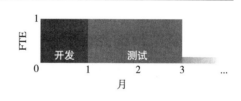

　　这个用例说明了另一个重要因素：筒仓陷阱。有趣的用例常常没得到使用，因为数据集被埋没在两个或更多的组织仓库中，没有人想到将它们联系起来。稍后再看一下这个问题带来的影响。

　　总结第一个谬误：并不是一切都需要大数据。事实上，更多的用例是小数据的，关注的焦点应该放在管理可获利的分析用例组合，无论它们基于什么类型的数据。

谬误 2

数据越多，洞察力越丰富

一些公司抱怨手里的数据远远多于他们拥有的洞察力。在 2014 年，IDC（International Data Corporation）预测：到 2020 年，公司可用的数据量将增加十倍，每两年翻一番[4]。在一次会谈中，一名客户将这种情况比作"数据沙漠中偶然出现的洞察力绿洲"。

"Marc，我们被大量报表淹没了，但是谁可以给我们'所需要的信息'？我没有足够的时间来研究所有的数据，而我手下的人没有足够的经验提出有意思的洞察。"

随着可用数据量的飞速增长，而洞察力水平停滞不前或只有微小的增长，这个比例似乎在日益恶化。物联网的出现使我们面临这个比例更加糟糕的风险，因为越来越多的设备产生着更多的数据。

Devex 在咨询实践中写道：

比尔和梅林达·盖茨基金会（Bill & Melinda Gates Foundation）的数据、证据和学习项目高级官员 Stanley Wood 表示：大量的投资被用于收集各种类型的数据，但是其中这些努力产生的大部分结果却无处可见。在先前的一次采访中，Wood 甚至告诉 Devex：开放数据的最大问题之一是会消耗数十亿美元采集数据[5]。

FT.com 写道：

根据瑞银财富管理（UBS Wealth Management）首席执行官 Juerg Zeltner 介绍，大量的信息不等于大量的知识。随着全球金融市场的持续波动，对数据解释的需求从未如此之大[6]。

在继续讨论之前，让我介绍一个在讨论数据时会涉及的简单但是必要的概念。令人惊讶的是，即使在数据科学家和供应商中，对于"**数据**"这个术语的讨论仍然不清晰。事实上，数据有 4 个完全不同的层次，如图 1.3 所示。

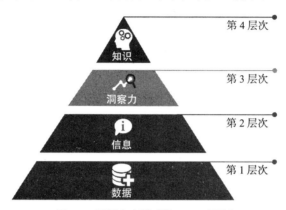

图 1.3　用例金字塔（第 1～4 层次）

❑ **第 1 层次：数据——原始数据和清洗后或预处理后的数据**

这可能是一系列从包装机的温度或振动传感器发出的测量值、一组信用卡交易记录或一些来自监视摄像头的照片。如果没有进一步的处理或分析，就采集不到任何信息。你可能知道**清洗**一词，但是这只是指对数据进行进一步分析前的准备工作（例如修改一些格式等）。

返回这一部分开始时餐厅的类比，原始数据就像商店交付的新鲜蔬菜，但没有经过厨师的仔细检查。数据质量仍然是公司的一个大问题。在 2014 年 Experian 数据质量调查中，75% 的英国公司表示：由于数据质量很糟糕，他们已经浪费了 14% 的收入 [7]。

❑ **第 2 层次：信息——在一定程度上进行了分析的数据**

人们已经获得了一些简单的发现。例如，从传感器数据中发现包含了 5 个意外的振动强度高于技术规范允许强度的异常值，或者市场份额的分析结果已经以表格或饼图的形式展示了一个产品在各国市场中的份额排名。关键是我们有一些初步的发现，但是没有"所需要的"结果。

在餐厅的类比中，厨师可能已经切好并烹制好了蔬菜，但是还没有上盘。

❑ **第 3 层次：洞察力——有助于做出增值决策的知识**

这正是决策者所寻找的洞察力。在上述餐厅的类比中，蔬菜现在已经被盛在盘中作为整个菜肴的一部分，而顾客的大脑已经开始期待美妙的视觉和味觉的享受。

这无疑还有一定改善的空间，正如 BusinessIntelligence.com 中的一项由 Domo 发起的调查显示：302 名 CEO 和 CXO 中只有 10% 认为他们的报告为决策提供了坚实的基础 [8]。而经济学人智库（Economist Intelligence Unit）采访的 600 名管理人员中有 85% 的人提到：分析的最大障碍是从数据中得到可用的（actionable）洞察力 [9]。

❏ **第 4 层次：知识——一组可供他人使用的跨时空的第 3 层次的洞察力组合**

这是分析和确切研究的本质：使得洞察力可以被多个地点的多个人在一段时间重复使用。决策者可能仍然决定忽略知识（不是所有人都会在历史中学习），但是洞察力以其他人可以使用的形式呈现出来。在餐厅的类比中，我们的顾客其实是一个主要的或受欢迎的食品博客、杂志或者甚至是米其林指南的评论者。评论者将自己的描述告诉他人，分享自己的经验，并帮助其他人在下一次用晚餐时拿主意。

在这里提出的一个核心问题是如何将数据的 4 个层次与人机协调关联起来：人类思维在哪些方面扮演独特的角色？机器在哪些方面可以给予帮助？简单的答案是机器在第 1 层次承担必不可少的作用，并在那里更好地发挥自己的作用。在第 2 层次，即机器在数据外自动创建一些信息方面已经取得了一些成功。然而，在相当长的一段时间里，现实生活中 99% 的分析用例在第 3 层次和第 4 层次仍然依赖人类的思维。

有趣的是，公司正经历着从第 1 层次到第 3 层次的挑战，并更加重视第 3 层次。2013 年一项由 Infogroup 和 YesMail 发起的对 700 多名营销人员的调查报告显示：38% 的人正计划改进数据分析，还有 31% 和 28% 的人分别准备改进数据清洗和数据收集能力 [10]。这份调查不包括与第 4 层次相关的问题。

为了说明每一层次数据量的变化，我们将以厨师的用例为例，介绍以各种方式烹饪一道美食的过程：通过视频、音频和食谱书。假设上述所有的媒介最终都包含了相同的第 4 层次的知识：如何通过比较得到做出这道美食的最好方式？

根据一定的分辨率，一份视频可以轻易地拥有 200MB 到约 1GB 的数据量。描述同一份美食所需一个小时的音频书大概有 50 ～ 100MB，约是视频数据的 1/4 ～ 1/10。表达相同过程所需的 10 页文字只占大概 0.1MB，约是视频数据的 1/2000。

与最初的数据量相比，实际上第 3 层次的洞察力和第 4 层次的知识只会消耗很少的存储空间（等于或小于书中的文字）。如果我们选择所有的初始视频段，而不将其制作成最终的视频，那么第 1 层次的数据量可能会大 5 ～ 10 倍。

因此，在这个例子中，实际"从原始数据到洞察力"的压缩率可能会轻易地达到 10 000。值得注意的问题是，这个压缩率与用于更有效地存储图片或数据的压缩技术的压缩率不同（例如以 .jpeg 或 .mp3 格式存储文件）。洞察力的压缩率可能总会高于那些技术的压缩率，因为我们将基本的数据提升到了更高层次的抽象概念，使得人类大脑可以更容易地理解。

关键点在于决策者真正想要的是压缩后的**洞察力**和**知识**，而不是原始数据甚至信息。但是客户事实上却恰恰与此相反。每个人似乎都着眼于，在强大的机器的帮助下创作第 1 层次的数据池或第 2 层次的报告和表格，但是真正的洞察力却如同沙漠中的绿洲一样稀少。

如果你不相信，请回答这个问题：贵企业中谁在正确的时间以正确的形式获得了正确的洞察力，并做出正确的决策？

这是几年前我遇到的一个有趣但是悲伤的现实情形。一个在潜在客户运营部门工作的人在过去 7 年中花费了一半的工作时间，制作了不同类型的客户数据的记录清单。公司的年度总成本（包括间接费用）达到了 4 万美元。当我们与内部客户进行沟通的时候，他们确认自从几年前加入公司后每个月都收到了这个清单，但是也告诉我们，因为不知道这些清单的目的，所以每次都删除了这些清单。因而这些分析从未进入第 2 层次，这事实上是对资源的一种浪费。

关于提供方式，我可以分享另外一个故事。一家律师事务所的资深合伙人让他的团队定期制作关键客户业务发展的报告，或者参考这些报告进行客户开发。这个团队对每个客户制作了精心编写的富有洞察力的 2 ～ 3MB 的 MS Word 文档，并将其通过邮件发送给合伙人。然而，他发现这种形式并不方便，他感到在黑莓手机上滚动阅读文档是一件麻烦事，甚至没有意识到他的团队在电子邮件中已经对每份报告的关键点做出了总结。

在这个例子中，第 3 层次的洞察力事实上已经存在了，但是没有任何作用：正确的洞察力、正确的时间，却以错误的形式提供给了决策者。你可以想象为了制作这些报告浪费了多少资源。这个例子也说明了需要将冗长报告中的洞察力的提交形式改为模型，其中相关事件可以对终端用户产生短小精悍的警示，促使他们采取行动。

这两个例子表明需要更深刻地理解分析的价值链。大部分的价值是在最后做出决策的时候产生的，而努力和成本却大多花费在分析周期的开始。价值链或者说知识环如图 1.4 所示。

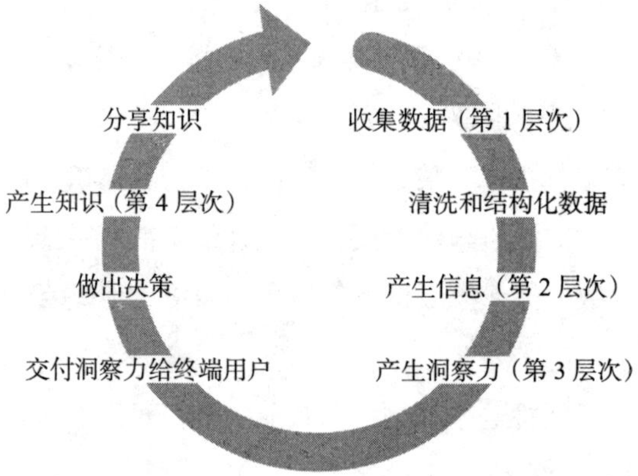

图 1.4　知识环

第一步：收集新的数据和已存在的数据（第 1 层次）。

第二步：清洗和结构化数据。

第三步：产生信息（第 2 层次）。

第四步：产生洞察力（第 3 层次）。

第五步：以正确的格式、渠道并在合适的时间将洞察力交付给终端用户。

第六步：做出决策并采取行动。

第七步：产生知识（第 4 层次）。

第八步：分享知识。

如果任何一步失败了，那么前序步骤的努力就会付之东流，并且不能生成任何洞察力。在第一个例子中，第三步一直没有发生，所以第一步和第二步投入的时间和资源浪费了；在第二个例子中，第五步失败了，即在"洞察力沙漠"中没能进行成功的"导航"。

"洞察力沙漠"中充满了诡谲的山谷和沙坑，可以在每个阶段阻碍发现"绿洲"之路：

❑ 第一步和第二步：职能和地域的筒仓（silo）会产生异构的数据集。在不同的时间段存在不一致的数据结构和元素定义。原始来源的各种不完善和过时的副本导致了数十、数百或数千次手动调整以及数据中更多的错误。

❑ 第三步：太多的信息意味着真正有趣的信号会丢失。对于分析什么内容缺乏适当的假设。

❑ 第四步：缺乏思考和对业务的理解。数据科学家有时不能完全理解终端用户的需求。情景信息的缺失，使解释变得困难或者不可能。没有应用先验的知识，因为这些知识可能根本不存在，或者不能及时并以合理的成本被获取。

❑ 第五步和第六步：中心数据分析团队和实际用户之间存在着沟通问题。发行问题阻碍了洞察力的交付，即发生了所谓的最后一英里问题。对于终端用户的特殊需求，打包和交付的模型都将变得没有效果。

❑ 第七步和第八步：在创造和管理知识时缺乏责任感。中心知识管理系统包含了太多过时和无关的内容，同时文档的缺失导致了知识的流失（例如在员工辞职的情况下）。

上述任何一种情况都意味着对资源的严重浪费。这些问题无法使企业用户在需要时做出正确的决策。随着计算能力、数据存储能力和庞大的新数据源的增多，这个问题实际上会更加严重。

一个有洞察力和知识的世界会是什么样子呢？我们的客户提到了下列关键要素：

❑ 更少但更有洞察力的数据分析处理了 100% 的分析用例。

❑ 分析的输出嵌入正常的工作流中。

❑ 突出关键问题、更有针对性和有求必应的提供方式，而不仅仅是寻常的报表或分析。

❑ 呈现给终端用户简明、相关的警示，而不是存储在一些中心系统的大型报表。

❑ 降低分配给终端用户的基础设施成本和间接费用。

❑ 不需要为了进行简单的分析而启动一个大型的 IT 项目。

❑ 用于分析产出的简单的、现收现付的模型，而不是较大的固定成本。

❑ 对于分析用例完善的知识管理，每当发生变化的时候不需要重新挖掘。

"创新侦查：寻找合适的创新"展示了一个很好的例子，即将大量的数据凝练成有高度影响的洞察力，并提取出知识确保未来的学习。

目前，许多公司在开始思考分析问题及其管理之前，遵循着这样的方法：首先创建中心分析团队，用所有可能的数据源的次要副本生成巨大的数据湖，并购买昂贵软件的使用许可证。

第三部分讨论的用例方法将使每个人首先思考要解决的业务问题，然后把业务问题以问题树的形式分解为子问题，只有这样才可以讨论在分析中所需要的数据。

有趣的是，这种问题树的分析在 20 世纪 80 年代就已经被提出。当时的挑战是如何最大化地利用现有的数据，而今天则要找到如何利用尽可能少的数据和资源来解决业务问题。然而，方法仍然是一样的。

新的数据源以及对它们进行连接和分析的方法可以增加很多价值，但是企业需要确保这样的分析在达到预期效果的同时保持良好的投资回报率，而不是迷失在洞察力沙漠中。更多的数据绝不会自然而然地预示着更多的洞察力。

创新侦查：寻找合适的创新

背景

组织
大型消费品公司

职能
开放创新和研发

工业
消费品

地理位置
分布全球，总部位于美国

商业挑战

- 寻找新供应商和创新伙伴来加速新产品的研发
- 发现和跟踪产品类别中的最新创新
- 通过开放式的创新平台筛选和管理提交的内容

解决方案

明确挑战	明确商业挑战和相关成功标准
做研究	使用一级和二级用例研究、专利研究以及一系列内部生产率工具来进行彻底的迭代练习
筛选结果	在相关成功标准的基础上筛选结果，并对一些定性和定量参数的结果进行比较
开展尽职调查	对于一系列高潜力的结果，开展尽职调查来评估使用可用性、合作模式、技术规格等。

方法

- 使用知识产权和业务研究的迭代组合，从市场和技术的角度确保结果尽量全面
- 开发健壮的框架对结果进行基准测试，以确保相关性，并提供自动化排名
- 确定处理流程和指导方案，以缩短接受或拒绝任何线索的时间

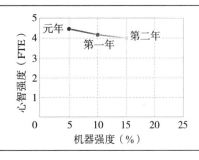

（续）

分析挑战

- 跨中心的全球项目管理、协调和分析的一致性
- 指定接受或拒绝任何创新理念或解决方案所遵循的标准流程
- 确定来自知识产权研究和业务洞察力的交叉应用结果的方法，以产生更多有价值的结果

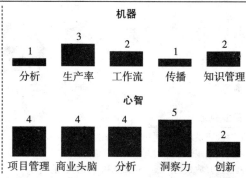

机器

1	3	2	1	2
分析	生产率	工作流	传播	知识管理

心智

4	4	4	5	2
项目管理	商业头脑	分析	洞察力	创新

收益

生产率	上市时间	新能力	质量
• 工作时间减少，更关注战略行为 • 效率提升约 15% • 提供最有针对性的节约时间和精力的结果	• 加速识别高潜力解决方案的过程	• 支持商业和知识产权的研究与分析 • 开放式创新门户的管理 • 非英语语言服务	• 受到客户赞扬的有创新能力的卓越品质

实施

- 与客户建立 10 年的合作伙伴关系，并在开放创新和探索领域提供约 3 年的持续支持
- 约 4 个 FTE，在不同中心工作，进行持续的监测和临时性工作
- 高级客户参与一年以改进研究参数、明确业务研究术语、定义流程等
- 客户参与度从第二年起降到最低

	设计和设置阶段	实施
客户	高 （定义流程）	低
解决方案团队	高	高
	第一年	第二年起

谬误 3

首先，我们需要一个数据湖和许多工具

起初，我们只有数据库的概念，然后出现了数据集市和数据仓库，现在又出现了数据湖。数据湖很可能是 Pentaho 的首席技术官为了区别数据集市而提出的一个概念，数据集市较小，是派生属性的存储库，而不能作为基础数据的存储库[11]。而数据湖要更大一些，是可以净化的数据存储库。或许将来还会出现数据海、数据行星和数据星系。

概念总是相同的：从一个中心存储库收集所有内部和外部数据的副本，然后做出各种各样的分析。就像普华永道（前 PricewaterhouseCoopers）在《 *Technology Forecast：Rethinking Integration* 》中的陈述：

> 数据湖是巨大的。在每太字节的基础上进行配置和维护，数据湖的花费比数据仓库的花费要少一个数量级。使用开源的 Hadoop，太字节规模数据量的存储与维护既不昂贵，也不复杂。一些倡导使用 Hadoop 的厂商宣称，对于数据仓库而言，每太字节数据的成本高达 250 000 美元，而数据湖只需要 2 500 美元……在数据湖中访问数据也很容易，这也是存储原始数据的好处之一。无论是结构化的数据、非结构化的数据，还是半结构化的数据，它们被加载和存储后都将被转换。数据拥有者无需费力就可以将客户、供应商、运营数据整合，这也消除了内部的政治或技术的障碍，以增强数据共享[12]。

将所有的数据集中存储听起来很不错，然而使用这种方式还是存在一些基本的问题：

数据坟墓的风险：Cambridge Semantics 公司的首席技术官肖恩·马丁曾谈道："我们看到客户在创建大数据坟墓，把一切都倾倒在 Hadoop 分布式文件系统中，然后指望将来使用它来做一些事情。但是他们却不清楚系统里有什么数据。" [13]

尽管实际上在每太字节的基础上，Hadoop 技术可能并不贵，然而真正耗费成本的是不同的数据科学家团队访问、分析以及分配数据的过程。问题的关键又一次指向分析用例的管理。

源数据的复制：将所有数据集中存储意味着要产生源数据的大量复制。这听上去远没有实际情况危险。这种方式存在着 3 个基本问题：

1. 成百上千个数据源动态的性质意味着从定义的角度看，**复制是过时的**。更新周期不能马上反映每一个变化，需要做大量的调整，这些调整往往是人工的。

2. 原始资源的结构取决于业务需求。谁能够保证拷贝是完整的呢？

3. 对于原始数据来说，存在着不可忽视的知识产权问题。数据湖的支持者自豪地表示他们可以很容易地存储拍字节（1 拍字节 =1024 太字节）规模的非结构化或结构化的外部数据和内部数据。很容易理解，外部数据存在明显的**知识产权风险**。外部数据来自哪里？谁是它们的拥有者？公司是否拥有并且持续维护许可证？如果公司拥有许可证，在公司里谁有许可证：每个人还是少数的高权限用户？即使数据被视为内部数据，这个问题仍然可能存在。数据最初的来源是什么？它们是否来自于商业数据库并且在不考虑知识产权的情况下被复制到了中心存储库？

没有非常严格的管理，巨大的数据湖就像嘀嘀作响的定时炸弹般危险。不要误解我的意思：每一项技术都有它的优点与风险，中心存储库也是如此。但是扪心自问：你真的相信公司有合适的技能来控制所有这些问题吗？

我们认为以数据为核心业务的公司在数据治理方面已经颇有经验，然而又有多少公司属于这一类呢？百分之一？百分之五？加特纳的报告"*The Data Lake Fallacy：All Water and Little Substance*"列举了关于数据湖的一些问题 [14]。一个关键的方面是假设用户了解数据被收集的上下文，包括差距、缺陷以及之后数据结构的变化。这个假设可能对中心数据科学家是有效的，但是对于能够访问非中心业务用户来说是不正确的。大数据项目（数据湖最初就是为此产生的）尤其容易受到影响。

虚拟数据湖：Stream Financial 公司的一个用例

背景

有组织多个管辖区域和职能的主要组织
管辖区域和职能

职能
交叉职能

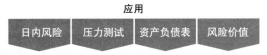

行业
所有拥有重要数据的行业
（例如，金融服务）

地理位置
全球范围

商业挑战

- 提供高级管理人员分散数据的概况，同时还能够保留在
  最低粒度层次分析数据的能力
- 改进数据质量和及时交付的洞察力，以响应不断变化的
  市场环境
- 移除中心数据湖的需求

解决方案

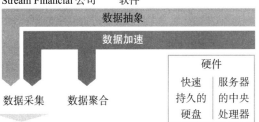

应用

| 日内风险 | 压力测试 | 资产负债表 | 风险价值 |

Stream Financial 公司　　软件

数据抽象

数据加速

硬件

| 快速 持久的 硬盘 | 服务器 的中央 处理器 |

数据采集　　数据聚合

数据来源
数据门户：抽象、联邦、虚拟化、一体化、
　　　　　作为一种服务

方法

- 在统一的逻辑化的虚拟模式中利用数据虚拟化整
  合多个来源的数据，以满足消耗的需求
- 将数据治理嵌入组织文化
- 执行一个识别联邦数据模型的受限变化过程
- 使用虚拟数据湖作为技术驱动器

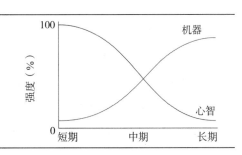

（续）

分析挑战

- 每个数据源都需要拥有数据并使数据可用于允许查询、汇总或分析整个组织的表单
- 数据所有者对数据质量负责，并确保更广泛的组织使用的可用性
- 用户不再被允许保留其他用户数据的本地副本——这是数据质量问题和处理效率低下的根本原因

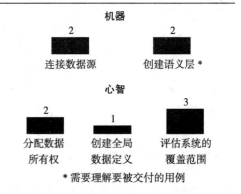

机器

2	2
连接数据源	创建语义层 *

心智

2	1	3
分配数据所有权	创建全局数据定义	评估系统的覆盖范围

* 需要理解要被交付的用例

收益

生产率	上市时间	新能力	质量
• 能够在不同的异构数据源中查询和加入数十亿行数据 • 使用跨异构数据源的任意分析	• 对数据源和分析的新需求的快速反应 • 数周内逐步产生收益的产品	• 利用现有的系统和基础设施，而不是依赖尚待开发的系统 • 无需数年的需求分析而逐步解决问题	• 不需要物理数据库实现，以标准化的方式从原始数据源中获得最佳质量的数据

实施

- 在几个星期内解决实际的业务问题，没有再设计的风险，逐步构建
- 从桌面实现开始，无缝对接到企业级的可拓展性
- 年预算 50 万美元
- 支出 10 万美元购买软件和数据
- （根据以往经验）消除重复数据和流程能带来 50% ～ 75% 的潜在节省

内容由 Stream Financial 公司首席执行官斯蒂芬·泰勒提供

　　渐渐地，有更多的基于用例的大规模数据湖的替代品，在许多情况下，这种方式本质上优于集中式方法。像英国的 Stream Financial 和瑞士的 FireFly Information Management 等公司都遵循一种虚拟的方法，不违反数据来源的完整性。在进行风险分析时，Stream Financial 公司让源数据保持原样，不会复制源数据，仅仅是提供合适数据集的快速访问。一些主要优点如下：

- ❑ **责任**：原始数据的所有者仍旧对数据和数据质量负责，并且不能免除自己的责任。

- ❑ **透明度**：深入到事务级粒度或状态是可能的，可以使终端用户完全透明地观察原始的源数据。

- ❑ **现实的追求**：许多大型组织提出从头重建整个系统架构，来尝试解决它们的数据问题，但是这太困难了。

- ❑ **本地授权**：一个较温和的但是仍旧重要的好处是这种方法对本地的组授权，因为它们保留数据的所有权。

- ❑ **促进改变**：使用基于查询而不是基于复制的方法，允许基础数据源持续变化，就像通常所做的那样，特别是在高度管制的金融服务环境中。

- ❑ **后验**：在数据库中建立一个物理模型，大多数仓库程序需要所有需回答的可能的问题的先验知识。虚拟方法采用后验方法，所有的数据元素不需要预先建立。终端用户不需要提前知道所有他们希望得到回答的可能问题。这样的基础设施的适应性更强。

- ❑ **成本和投资**：中心查询引擎用于在普通的硬件上运行以及使用高度压缩的数据。这使得相似的设备花费小部分成本就可以获得较好的性能。此外，无需在重复存储方面耗资。

- ❑ **安全和合规**：架构有利于遵守必要的审计和合规规则，这些规则在类似金融服务重监管行业中是很苛刻的。数据可以动态地匿名化，因此对有严格隐私法的数据源的查询需要遵守这些法律。

当然，这种虚拟的方法也需要管理，但它是围绕分析用例做架构设计，避免了试图驶过数据湖的错误。你的首席财务官也会喜欢这种本质上更便宜的方法。

谬误 4

数据分析仅仅是分析的一个挑战：
第 1 部分——最后一英里

如前所述，数据分析涉及逻辑的角度，因为有很多的参与者，有时甚至涉及成百上千的参与者。为了便于说明，让我们看一个市场智能 InsightBee 平台上的用例：最后一英里[⊖]（The Last Mile）。

在这个用例中，回答研究需求的用户定制洞察力会在合适的时间以正确的格式通过合适的渠道交付给许多决策者。这个例子也表明逻辑学上的挑战可能要远大于实际分析任务的挑战。事实上，绝大多数用例在分析深度方面都不太复杂，但是在逻辑学方面的要求却较多。

从 InsightBee 的用例中我们可以看到真正的挑战：

1. 数据的收集。

2. 从数以百计的决策者那里收集分析的需求。

3. 创建与个人终端用户相关的第 3 层次洞察力。

4. 工作流的处理和结果的传播。

图 1.5 展示了用例的特性。我们有数以千计的数据源、一些中间的处理结果和大量的决策者以及终端用户。

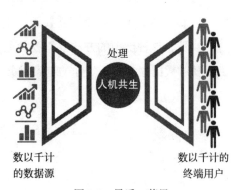

图 1.5　最后一英里

⊖　1 英里 =1.609 千米。——编辑注

InsightBee：最后一英里

背景

组织		职能
所有组织		所有

行业		地理位置
所有行业		全球范围

商业挑战

- 促进信息交换和知识型服务事务
- 通过移动设备直接向数以千计的终端用户提供研究和分析服务
- 为研究和分析团队研发互补的、增值性的产品和服务提供基础

解决方案

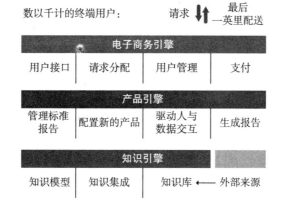

方法

利用下列几条开发敏捷的云平台：

- 一个简单的接口，用来从成千上万的用户那里收集请求，并直接向他们的移动设备发送报表
- 一个标准产品集、用例以及灵活架构的库，用来引进新产品
- 支撑有效知识存储、重用和分发的知识架构

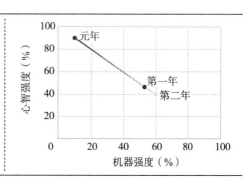

（续）

分析挑战

- 知识密集型流程没有标准（例如，研究和分析）
- 按需参与分析项目需要涉及重要的管理任务
- 缺少新的分析产品的组件
- 缺少能够有效解决复杂的非结构化业务问题的人工智能解决方案

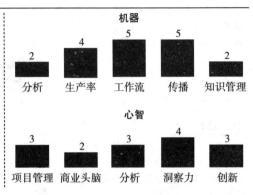

机器

2	4	5	5	2
分析	生产率	工作流	传播	知识管理

心智

3	2	3	4	3
项目管理	商业头脑	分析	洞察力	创新

收益

生产率	上市时间	新能力	质量
• 执行交易的时间至少减少 90% • 允许利用网络效应更快地获得客户	• 推出新产品和服务的时间至少减少 80%	• 为新产品提供和管理市场的能力 • 有效重用非结构化信息和实现共享经济的能力	• 用户体验显著改善 • 通过机器学习从非结构化信息中得到更高质量的洞察力

实施

- 从概念到最小可行产品（MVP）：6 个月
- 初始费用：约 70 万美元
- 采用 3 周冲刺计划的敏捷开发方法
- 在 2014 年 9 月到 2016 年 6 月之间的 3 次额外的开发阶段额外花费 410 万美元
- 外部合作伙伴，包括技术咨询公司、用户体验设计师、外部开发团队以及机器学习、文本分析和转换率优化的专家

由此产生的平台提供：

- 快速开发新特征以及与用户一起测试这些新特征的可能性
- 现收现付（Pay-as-you-go）的灵活性，因为客户只需支付所订购的报表
- 用户友好的移动应用程序接口

最后一英里这个词适用于这里。它被电信领域、有线电视和互联网服务供应商等广泛使用，涉及实际连接到客户家里网络链路的一部分。我们借此类比数据分析。每个决策者有一定的带宽，接收输入的协议（第 3 层次洞察力）。如果一个销售人员没有足够的带宽去读报表，那么这个洞察力甚至没有机会去创造价值。如果报表是用数据科学家的术语写的，那么技术人员不会理解报表，因为他们没有相同的协议。

最后一英里的挑战是双向的，对于分析师捕捉个人终端用户做特定分析请求时的需求背景的能力也是个挑战。与 Evalueserve 公司的客户访谈表明，除非终端用户的需求得到百分之百的满足，否则他们是不会高兴地为 Evalueserve 公司提供的服务买单。事实上，大约 90% 甚至更多定制的支付意愿迅猛提升。

另一方面，近来这也是联合组织标记研究公司面临的一个挑战，因为定制的替代品只需要非常合理的成本就可以得到。按照定义，分析师关于某些行业或技术的报表是针对一般用户的，这反过来又意味着有大量用户的需求不能通过这些通用报表得到满足。在这种情况下如果用户仍然想要需求得到百分之百的满足，他们就必须每天支付 3000 美元以上以购买专家咨询时间。

最后一英里也与会计和收费方面的事情很相关。公司为中心提供的分析服务创造了富有想象力，但也非常复杂和昂贵的优先级交叉担保（cross-charging）收费机制。这会变成主要的管理陷阱。有一家能源公司通过其一个服务部门购买了一系列的外部服务，这反过来又会对公司的其他部门为使用的服务收取优先级交叉担保费用。由于这是一家拥有许多国家分公司和业务线的全球化公司，会计挑战变得非常复杂。猜想发生了什么？这个部门开始向内部客户收取额外附加费（premium surcharge）（最后这类附加费变成了此部门的利润中心），并让一些人忙着进行优先级交叉担保收费，而这几乎不是能源行业的核心业务！

最后一英里的概念在许多分析用例中普遍存在。物联网和数据分析作为一种服务（缩写为 DAaas）的出现以及用例数量的爆炸式增长，要求公司拿出可拓展的低投资的解决方案来解决它们的后勤挑战。在分析价值链的开始和 / 或结束，将会出现最后一英里适用的数以百万计的用例。然而，公司很少有可拓展的平台向终端用户分发第 3 层次的洞察力。在未来为个人用例制定特定的解决方案将会非常昂贵。然而，以企业解决方案形式运行任何事都需要可拓展性和易于修改的架构，这些架构不需要为每个更改提供 IT 项目。

此外，最后一英里终端用户的需求也在迅速变化。决策者和一线员工越来越多地出现在分布式团队中并工作。他们希望移动解决方案嵌入其工作流中，以节省他们的时间，也希望第 3 层次洞察力以用户友好的方式包装，例如以触发器为基础的警报，他们希望物流自动开展（例如审批程序、审计跟踪或知识管理）。他们不想坐在工作站旁，通过登录程序，使用多个应用程序工作。

谬误 5

数据分析仅仅是分析的一个挑战：
第 2 部分——组织结构

在数据分析领域，有哪些不同的角色？它们之间如何交互？

中心数据分析和 IT 团队： 很多公司组建了多种由数据科学家组成的强大中心数据分析团队。其中包括数据模型设计师和统计学家，他们拥有金融数学、统计学、应用数学、运筹学、物理等学科的博士学位；数据管理员通常在计算机科学领域拥有硕士学位；负责数据分析系统架构的 IT 员工；业务分析师包括 MBA 毕业生、金融风险管理员和特许会计师；还有资深的数据分析经理。

雇佣这些人的主要问题是劳动力市场的人才短缺和每年高额的工资，一个有经验的团队基本上是每人每年 150 000 美元，甚至高达 250 000 美元的薪资。他们必须在一定时期内证明自己的投资回报率，以让人相信他们值得公司投入。我遇到过一个大约有 100 个全职人员组成的中心数据分析团队的大型工业公司，这意味着该公司每年需要为这个团队花费 2000 万美元，这还没有考虑任何基础设施投资。这个团队在公司重组时裁员了，这可能意味着该团队的投资回报率极低。

我认识一位负责财产管理数据分析的总经理，他在一个国际性银行工作。对一个公司来说，总经理每年通常需要耗费大约 500 000 美元，在满负荷时甚至更高。他告诉我，在工作中他感觉到极度挫折，他的工作涉及"在财产管理中发现和完成大数据分析"。

他说："Marc，在过去的 18 个月中，我一直在提出用例。但是直到现在，甚至没有一个用例通过了 PPT 展示阶段。总部在最后否决了所有的提议。"

这是多么浪费资源——尤其是花费了 500 000 美元，这还不包括团队的费用。

麦肯锡公司的一项研究预测：到 2017 年，美国会短缺 140 000 ～ 190 000 有深度大数据处理和分析技能的人才 [15]。这意味着将会出现一场人才战争。在这样的形势下，雇佣相关人才的开销是不会减少的。

非中心分析团队：在很多公司中，还有分析员组成的小规模非中心团队。这样的团队通常由更理解业务问题却相对不太了解核心技术和 IT 功能的员工组成。

这样的组织是因为中心团队离商业需求太远而建成的。还有一个原因是赢得优先权的需求，如果所有事情都需要中心团队完成就太复杂了。另外，一个商业机构的首席运营官最近告诉我：

> "让中心分析团队按照规范递交任务需要花费很大的努力。我很理解这些人的处境。每个业务部门都向他们发出任务请求，他们需要划分所有任务的优先顺序。此外，IT 事务也不在他们的控制范围之内。开展一个 IT 项目通常意味着提交一个资金开销请求，这需要得到 IT 委员会批准。不妙的是，我的业务部门在处理中心团队的请求时并不是那么给力。这意味着如果把所有任务交给他们，就会让任务的处理过程变得更慢。这就是我为什么决定让少数业务分析员在自己身边工作，然后把其他的任务外包给你们。"

这样做的缺点是非中心分析团队通常不具备所有的必要技能，也不具备足够的规模从头到尾地在人机协作的模式中进行所有的分析项目。

业务用户：基本上，业务用户是分析用例的终端用户。业务用户可能是一个公司中的任何职务部门。在国际化公司中，业务用户通常在地理上很分散，可能涉及很多跨职能和跨业务的部门。当然，这样的分布在某些方面增加了复杂性。用户组之间的差异越大，他们的目标、需求以及组织动机不同的可能性就越高。每个人的想法都是不一样的，而且会存在一定的缺陷。令人惊讶的是，在很多情况下与决策者的想法保持一致需要花费很多的时间。当然，业务用户可以直接或间接地向资深用例提案人和预算控制者汇报。如果只存在一个预算控制者，那么事情就比较简单。然而在大多数公司中，数据分析是一个覆盖不同层面的职能，这意味着对每个分析用例，有许多决策者和局部预算持有人，处理情况就会变得复杂。

中心风险管理和合规团队：在当今世界的管理监督和数据保护法律下，风险管理人员有权力否决任何项目。事实上他们也经常这么做，其中大部分情况都存在非常有说服力的原因。当然，有时候内部合规的规定会造成监管者实际上并不需要的安全缓冲区。没人可以断言这样的缓冲区是不必要的，或者在未来会变得不必要。但是事实上，这样的规定大大削弱了执行分析用例时的灵活性，并相应消除了可能的潜在改进——例如，生产率提高、进入市场的时间更短、更好的质量或者组织的新职能产生。

这有一个有趣的例子：一个综合银行不能外包任何包含客户信息的工作。鉴于目前许多司法管辖区有客户保密法律，这看起来是明智的。但是，如果一家银行对于高净值个人客户和正常的 B2B 企业客户以完全相同的方式解释这些规则，由于前者是业界标准规定的，但是后者不是，这样非常严格的执行会造成无法在外部进行这些工作。当其他银行不遵循这个限制时，它们可能就拥有了竞争优势。

业务用户应该从开始就让他们的风险管理和合规团队参与，以防项目由于不可预见的合规问题而导致完全失败。

这里有两个真实的例子：某美国银行定期展开越区销售运动，目的是向消费者售卖新产品（例如，向信用卡持卡人销售学生贷款）。当数据分析团队分析学生贷款的数据时，他们尝试着为某个学生找到一个特征。你会使用用户的什么信息？如果你认为是年龄，那么就错了。年龄是一个不能包含在搜索字符串里的数据字段，因为使用年龄字段会将银行置于存在年龄歧视的风险中。任何搜索字符串都需要通过法律团队的检查，确保不会处于类似的风险中。因此，现在团队采用分析信用卡交易记录来发现用户是否购买了学术书籍或者材料。就我个人而言，我更希望银行使用我的年龄而不是评判我的私人购买记录。

在第二个例子中，一个非常大的财产管理公司在分析有高净值前景的客户信息时，会使用他们的个人简介、公司信息等。监管机构终止了这个项目，因为它涉及向外部组织提供潜在客户的名字（即使有一个非常严格的保密协议），尽管潜在客户还不是真正的客户，但也会违反客户保密规定。因为客户顾问需要这样的信息，所以他们向 Google 求助来分析潜在的客户。有趣的问题是，Google 可以在理论上结合公司的 IP 地址和搜索关键词来重构机密信息。这是一个数据世界以及我们对其理解相对不成熟的例子。

在这两个例子中，尽早考虑风险管理和合规性是必要的。

金融：金融部门最初涉及为分析业务中的当前成本和预先投资设置预算。相应的预算很少花费在用例需要的基础上，而是用在一个综合数据分析团队，这使得很难展示一个单独用例的投资回报率。资深的数据分析负责人始终确保他们拥有值得投资用例的证据。这是另外一个需要尽早思考每个用例的问题，因为这会影响你未来有没有工作可做。

协调这些众多角色的关系是困难的，即使在每个人都同意目标并且分工明确的最乐观环境下。如果所有的用例被视为一组资源，那么复杂性就会增长到一个不可忍受的水平。BA Times 列举了一些上述角色在合作当中容易出问题的重要方面，包括不完整的利益相关者分析、在语言方面产生的误解、需求明确之前就开始设计用例、对模糊需求的批准以及利益相关者没能及时参与 [16]。

只考虑参与者的数量和潜在组织冲突的可能性，就能够说明业务发起人必须在总部有足够的影响力才能集中处理事务，因为可能有比规则更多的例外。公司董事会开始加大设立大型中心数据处理团队的开支，因为有人说服了董事会未来是大数据的时代。中心分析团队被赋予了很大的权力以从中心机构获取数据、方法、人员以及用例。几年之后，首席财务官开始询问关于投资回报率的问题，但是团队人员却没有坚持收集用例层面的证据。更重要的事情是，他们没有采用财务批准的格式，甚至没有用例层面上关于预期收益的清晰记录，那么公司缩减他们的开支就不可避免了。遭受损失的是业务用户，他们的用例还处在未完成的状态。

成功的分析通常以敏捷的方式开始，建立一个基于用例的稳固管理机制，考虑组织工作的问题，避免从一开始就追求大额的固定资产投入和重要投资，并且有一个易于交流的良好开端。

谬误 6

重组不会对分析产生不利影响

在当今全球化与动荡经济的环境下，重组变得更加频繁。我们可以在很多方面找到原因：一些公司在传统的合并和收购中吞并其他公司；根据市场形势的变化调整企业内部结构；新技术的发现和引进；开辟了新的市场；开支需要削减；甚至有时候仅仅是为了改善陈旧结构从而激发新动力等。除了企业内部的改变，不断变化的外部环境也引发了企业与外部参与者关系的改变，例如供应商、合作伙伴、渠道提供者、监管者、消费者和相关利益集团等。麦肯锡的一份分析报告指出，60% 参与调查的经理表示在过去两年中，他们的企业经历了一次重大的重组 [17]，而失败率却在 50% 以上。导致这些不断变化的原因有不断变化的消费者偏好、市场动态多样化、新竞争层出不穷、新技术的出现以及普遍更大的不确定性和波动性。

你或许会问这对数据分析中的人机协作有什么影响？影响太多了！这个问题可能是数据分析中最被低估的问题，仅次于前面讨论过的合规性问题。正如我们将看到的，内在灵活性有非常大的价值。

在当今的世界，处理过程是互相紧密联系的，而且相应的第 1 级数据、第 2 级信息流和格式出于显而易见的原因趋向难于改变。自动化需要一些方面的编程。一旦完成之后，代码的更改将变得非人所愿，因为更改意味着额外的开销。企业资源计划（Enterprise Resource Planning，ERP）、客户关系管理（Customer Relationship Management，CRM）等系统、数据库中的数据结构和报表格式会变得呆板。

令我感到奇怪的是有许多公司和经理都相信企业最近的重组是最后一次了，起码在一段时间内是最后一次。现实总是比理想更残酷。每个人都希望更加稳定，但是证据表明变化的速率正在加速增长。

经过这么多年的企业管理咨询、研究和分析工作，我个人的观点是经理认为他们只会在当前的职位工作大约三年，接下来发生的事情就与他们无关了，而是他们继任者的事情（你是不是也想到了欧洲许多国家对待养老问题的态度或者他们对待环境的方式？这是不是人类的本性？）。

因为这样的态度，很多分析过程没有为以后可以灵活变动而优化，而只在一段固定的时间内有效。虽然我们可以公平地说，追求灵活性会带来比较大的短期花费，而且并不总是可以知道未来需要什么样的灵活性。如果想要建立一个可持续的人机协调数据分析模型，并且能够有足够的灵活性处理未来大量的用例，我们需要做一些改变。

一如既往，这里分享一个例子。这是一个包装行业的小用例。一个行业领先的供应商重组分属三个国家——瑞士、德国和奥地利的企业，成为一个新的、区域性的拥有统一领导和市场职能的集团。新指派的区域市场经理需要该地区所有有关包装尺寸的 2 级市场份额的统一信息。底层的第 1 级数据需要以新的方式整合来反映新的组织结构。不幸的是，这三个国家的数据提供商的底层第 1 级数据结构在命名规格和包装大小方面都是不同的。

他们设计了一个新的交叠数据框架，这个框架可以在三个国家中传输可比较的市场份额数据，而且可以正确地聚合为区域市场整体占有率。在历时两个月，花费 25 000 欧元之后，他们实现了一个基于 Excel 的宏，可以将从每个国家获取的 1 级基本数据转换成一致的 2 级信息。这个宏可以简单地通过单击运行，并且足够灵活，从而能够用很少的开销来调整，以满足映射表中任何可能的未来变更。在映射逻辑已经建立的情况下，这个框架甚至可以被世界上任何其他地区使用，而且只需要很少的开销。此外，逻辑上的第 4 级知识现在已经被合理存储，可用于未来的参考、模型审计和重用。

为什么建立这个框架模型要花这么久？这种聚合程度以前并不存在，而且很少有相关的讨论。一些中间级别的包装大小需要被舍弃，因为它们在另外两个国家并不存在。主要的问题是框架的决策延迟，而不是分析团队的实际工作时间，这在数据分析中是非常普遍的问题。

为灵活性构建市场智能解决方案套件

背景

组织		职能
产业集团		策略

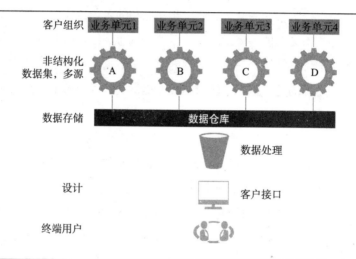

行业		地理位置
资本货物 & 服务		全球，总部在欧洲

商业挑战

- 消除多个版本信息的倾向
- 管理大量定量和定性数据的战略兴趣
- 梳理在全球范围决策者中的知识分享

解决方案

客户组织　业务单元1　业务单元2　业务单元3　业务单元4

非结构化
数据集，多源　　A　　B　　C　　D

数据存储　　　　数据仓库

　　　　　　　　　数据处理

设计　　　　　　　客户接口

终端用户

方法

- 设计一个定制的、模块化的但是完全统一的云工具，这个工具跨越多个业务单元标准化
- 设立一个由技术专家、业务分析师和数据分析师组成的跨部门团队
- 建立一个在将来上传和交换信息的有效流程，包括所有交易的自动化分类

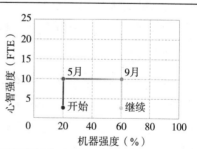

（续）

分析挑战

- 通过使用大量的非结构化数据，建立成千上万的业务规则，构造所有的输入和输出实例
- 在所有业务部门中标准化数据表示和术语
- 设计充分灵活的可视化解决方案
- 在不忽视特定业务单元需求的情况下标准化工具

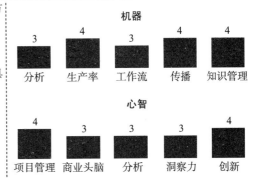

机器

3	4	3	4	4
分析	生产率	工作流	传播	知识管理

心智

4	3	3	3	4
项目管理	商业头脑	分析	洞察力	创新

收益

生产率	上市时间	新能力	质量
可以访问所有业务部门的无限容量集中数据库	在 9 个月内开发一个解决方案套件，主管所有业务部门的数据以及处理有不同特征的业务用户的需求	• 上传和交换信息的新流程 • 为分析、可视化、大数据场景构建的完全灵活性	• 不同业务部门之间的标准化 • 超过 90% 的首次完成和及时交付

实施

- 9 个月内集成四个业务部门的数据，计划整合额外的 3 个部门
- 建立结构化输入和输出实例的 1000 多条业务规则
- 减少大约 90% 的人工重复活动

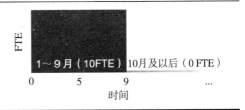

　　这是一个非常简单，但很常见的用例。如果这样一个简单的问题可以让管理部门忙几个月，那么可以想象在更复杂的情形中会怎么样。

　　另外一个例子是金融基准行业完成某次收购后为期一年的一个整合项目。早期，一个有前瞻性的资深管理团队已经为数据密集型的并购整合设立了明确的治理规则。他们决定获取被收购公司的数据，并且将其全部放在收购公司的平台上。他们洞察到未来可能还会发生收购，因此多个平台在未来可能造成问题。果然，不到

一年时间，另一个收购计划被提及。在数据合规性方面，特别是知识产权领域也有一个有趣的经验。一位知识产权审计师认为：需要特别注意获得的数据资产，在整合时防止破坏第三方的知识产权。总的来说，知识产权的问题在未来会变得非常重要，因为很多公司的商业模型中包括出售纯数据和信息产品。

第三部分会提出一个粒状知识产权结构，这允许在供应链中生成信息产品，这和嵌套式 1 ～ 3 级汽车供应链相似，像丰田和宝马公司从 1 级供应商购买子系统，相应地向 2 级供应商购买加工过的子系统，诸如此类。

这两个例子有着积极的结果，但是情况并不总是这样。我们的一个客户最近提到：

> "我已经放弃了。考虑目前的成本削减环境，如果我开始一个针对分析系统的 IT 调整过程，至少要六个月才能得到批准。我有许多很好的提议、想法，但是当得到批准的时候，我甚至都已经不做这个工作了。"

一个为未来灵活性设计的平台实现方案已经出现在"为灵活性构建市场智能解决方案套件"用例中，其中每一个部门都有自己的模块设置。未来的组织变化只需要改变其中一个模块，整体的平台不会受到影响。

既然稳定性是一个幻觉或者顶多是一个妄想，那么就有一个对于灵活性和保护当前投资的基本需求。既然知道事情会发生变化，我们就需要用例生命周期管理与内在机制来产生应对未来的灵活性。

谬误 7

知识管理很简单

本部分会仔细讲解知识管理的内容。知识管理是未来决定整个用例 ROI 水平的重要因素。ROI 被定义为包含财务盈利能力，同时也包含其他的收益，例如生产率、上市时机、质量或者新能力，它们是难以量化但是必须考虑的因素。

一般来说，知识管理是一个复杂而棘手的领域。在德尔福集团，7% ~ 20% 的员工将工作时间花费在改造车轮上，44% 的员工很少传授知识 [18]。

先对这些用例分类，分类的标准是这些用例是否被应用过以及它们的收益水平：

❑ **已知的用例，高赢利**：用例中易实现的目标（例如银行业务中的交叉销售）已经存在了相当长的一段时间。我们称之为"傻瓜都知道的问题"，但是对于数据科学家来说，并非如此，因为这些用例融入了很多智慧。由于这些用例的利润很高，企业总是能够负担得起这些用例的改造费用。

❑ **已知的用例，未知赢利**：尽管还没有能力去收集可靠的统计数据，但是能根据经验估计，80% 的已知用例可纳入此类。极少数公司会分析个体用例的盈利能力。它们可能知道进行集中运行分析，以及专用非集中式分析的所有成本，但是系统地获得收益依然是极少数企业能够做到的。理论上来说，适当的数据管理能够揭示每个用例的利润。并且有 4 层关于成功与失败用例的知识等级，以保证失败不会重复发生。

❑ **已知的用例，负赢利**：管理做得好的企业能够在早期去除失败的用例。然而，很多企业依然保留失败的用例，因为摆脱这些失败用例的代价很高，不是看起来那么简单。我们将会在第三部分看到：在用例和数据源快速增加的条件下，"快速失败"的治理原则是非常关键的。

❏ **未知的用例，高赢利**：每个人都在努力淘金。就像我们在大数据部分所看到的，数据规模较小的用例会产生高收益，因为它们花费很少。数据规模较大的用例可能会产生高收益，也可能不会产生高收益，问题在于如何找到那些有价值的东西？是否有可供参考的方法论？我们能否从其他企业学习？显然，知识管理和知识重用非常重要。

❏ **未知的用例，边际赢利**：如果被重用的话，该类用例可以产生较高的收益。该组用例的规模非常大，而且数量增长速度很快。能够快速接受并非常好地使用这些用例的公司，能够有机会获取收益，而他们的竞争者没有能力获取。

以这种方式看待用例的人都会认为，重用和知识管理都是有意义的。然而，在很多地方都大量缺乏知识管理。

还记得二级用例是由初级用例经过细微变化而成的吗？高级经理总想快速完成分析，上次完成该类分析的员工总有可能被再次选中，因为知识重用和知识管理在分析者的大脑中已经完成，而且 Excel 表格模板也准备好了。但是如果这个员工被调离到别的部门或者跳槽了，又会发生什么呢？

我们了解到在 2015 年，一个全球投资银行失去了 75% 的中国分析师，那些分析师带着他们所有的模型以及积累的专业知识离开了。在 2015 年，美国另一家银行失去了 65% 的分析师。虽然这些不好的例子都是一些极端情况。即使在总体内耗较低的公司，也存在很大的问题。但是这说明不仅仅在公司外部，在猎头公司和内部竞争中，数据科学家和优秀的商业分析师都是非常抢手的。

这里有一个关于美国一家零售商业银行内部"挖墙脚"的真实例子。据该企业市场分析主管透露：

> "我们的风险部门被监管人员告知年底需要雇佣 50 名以上的风险分析师。但是，就业市场上并没有那么多有经验的分析师。如果招不到那么多风险分析师，我们的成本就会很高，那还要风险部门有什么用？他们找到我们的营销数据科学家，让这些数据科学家在内部岗位轮换来争取职业发展。因此，我们现在正在失去最好的员工。我该怎样做？好吧，在美国我根本无法找到足够的员工。"

在初级用例中（即解决具体业务的用例），重用和知识管理有两个等级：企业内部和企业之间。简而言之，我们可以认为，知识管理依然处于萌芽阶段。

在内部一线岗位，公司的中心部门努力将他们负责的知识全都收集起来。然而，只要涉及一线岗位（例如银行交易大厅中的期权定价模型），相关知识、经验就变得非常稀有。即使用到了一些版本的知识管理系统，也仅仅是为一些特定的工具收集代码（例如统计软件、大数据平台等），很少有与 ROI 相关的信息以及与用户利益相关的用例。

这是组织错误吗？事实上并不是。由于很少从实际用例的角度来考虑，因此没有模板或工具来存储、管理大量的用例。在第三部分，我们将会讨论一些补救的办法。

企业之间分享知识很不常见。分享知识大多发生在高层分析会议或高层非正式交流中。而且，没有大众接受的、用来进行知识交换的统一形式，也没有有效的商业模型。人们会问："为什么我要无回报地分享我的知识经验？"因此，公司之间并没有进行用例的交换。

幸运的是，一些卖方已经意识到了这一点，并开始进行知识经验的交换，例如软件 AG 市场、Teradata 软件库、微软 Azure 等。然而，其中存在一个问题，就是这些公司都仅仅是为了自己的软件来进行知识管理，并不是为了分析价值链中的其他组成部分。此外，它们并不是获取与用例 ROI 有关的信息，也不是关于合规性、映射、格式、IP 所有权的元数据信息等，除非利用特定的程序这样做。

我们也应该考虑到投资组合方面的用例，即一家企业使用所有用例的集合。最近，一家欧洲汽车制造商告诉我们，2015 ～ 2017 年，与物联网相关的初级用例的数量已经从 50 增长到 500。这就意味着，大约有 25 000 个二级用例需要去妥善管理。这是一个相当大的数量。如果知识管理已经在用例层面失效，那么它怎么可能在投资方面起作用呢？

尽管有工具和模板，但是还不够。还有一个问题，即用例的管理问题。第一，这些投资组合用例需要有一个管理员。谁应当这个管理员？是 CIO、CFO、CDO（首席数据官），还是老板、经理？第二，执行团队需要签署管理准则。这些准则包括"快速失效"原则、"停止无益用例"原则等。第三，需要有合适的工具和方法去管理用例集合。第三部分将会阐述其中的各个细节。

最后，需要考虑风险和合规性职能。就像 2013 年，一家欧洲综合银行在慈善活动上对人们所说："去年，我们在全球进行了 88 000 次管理改革"。即使银行拥有相同数量的员工，且每个员工都做了改变，也不能解决问题。因为这个监管问题不能单独解决，它们之间会相互影响。

一家投行拥有 6500 个关于产品定价、资产评估的模型（专业术语称之为初级分析用例）。其中有一个问题：银行发现，它们根本没有系统地审计跟踪在什么时间谁用了这些模型。糟糕的是，很多产品都是直接或者间接依赖这些模型。

2012 年，涉及伦敦银行同业优惠利率（LIBOR）的操作丑闻向大家清楚地展示，在一个基本的模型或初级用例中，如果没有审计跟踪、检查不足、平衡不足会发生什么。以 2012 年 LIBOR 利率为基准，价值 300 万亿美元的合约被签订，每个使用 LIBOR 的人都认为，它是没问题的，但是当揭示了可能有犯罪分子计算 LIBOR 的情况后，它就像一颗定时炸弹一样爆炸了，造成了巨大的损失。相似的例子还有，在 2015 年，大众公司一个测试软件被移植到产品中并被广泛应用，每个人都认为它在工作正常，直至这颗"定时炸弹"爆炸。

扪心自问：你是很多用例的使用者，但是为什么不是创作者？假设重要输入数据的十分之一被证明是有缺陷的。如果你已经了解了风险，量化了其中的影响，你的团队中有人帮忙做审计追踪来证明其中没有"定时炸弹"，那么祝贺你做得很棒。

用例的管理并不应当仅仅包含 ROI 和效益，也应当包括风险分析。风险分析就是分析所有用例的后续影响（例如卡车制造商将预防维修模型嵌入卡车中，这是需要承担责任的）。评估后续风险有很大的限制，因为那些用例的创作者、拥有者并没有意识到用例已经嵌入到后续产品或用例中。尽管如此，拥有者或创作者也会有一些责任。

到此为止，你应当意识到，目前大多数企业的数据分析中有很大的浪费，可能会造成极大的风险，并且考虑到用例数量的大量增长，当务之急是如何解决这个问题。

谬误 8

智能机器能够解决任何分析问题

目前，人工智能（AI）发展火热，而且 AI 的用例数量也在持续增长。显然，经过国家安全部门和学术界的开发，人工智能算法已经广泛应用到电信业、支付网络、监控设施中，用于分析文本、语音、图像数据。前美国安全分析师发现，一些公司将这些技术用于大众生活中（例如，银行员工的电子邮件监控和聊天监控），没有这些智能算法，这显然是不可能实现的。

对于一些非常特殊的用例，与最棒的数据科学家相比，AI 的处理效率更高、速度更快。但是现实情境中的实际测试表明，对于在第 1 级数据或第 2 级信息中的特殊用例，AI 是非常有帮助的。对于第 3 级洞察力或第 4 级知识，AI 往往很难发挥作用。

本章的目的就是确保你在面对一些被炒作的市场抵押品时（这些抵押品是供货商提供的，或者是超级热情的数据科学家发现的），能够发现其中的问题。其要点不是 AI 不起作用，而是 AI 被一些用例和分析价值链中的具体步骤所限制。如果使用得当（了解其局限性和风险），AI 就会变得非常有价值，作为人机协作的一部分提高人的生产率。

未来，尤其在人类的创造力和互动的领域中，发现新模式（与已知的模式相比），并对其及时做出反应的能力，了解更广泛的商业背景的能力，区分相关性和根本原因之间不同的能力，以及训练机器按照人类的特点进行工作的能力都是非常重要的。所有这些特点都是创造第 3 级洞察力和第 4 级知识的关键因素。主要问题就是怎样使人机共生在实际生活中，面对数量较大的、多种多样的、不断变化的使用场景更好地协同工作。

在 Evalueserve 公司，我们在端到端的使用场景中，使用了相当多的 AI 和机器学习技术，以支持我们的人工分析。一个非常好的小例子就是：企业使用机器学习算法进行探索创新，以便将其用于未来开发的产品中（参考知识特性：管理增值知识产权警报）。在其他地方，企业会着眼于竞争对手，看它们最新发布的专利申请，并尝试分析其对自己的产品以及研发项目的影响。一个基于 AI 的语义分析算法能够自动计算出每一项新发布的、为我们相关客户产品开发的专利与发展组合之间的关系，并向专利分析师展示其关联度的百分比，依据这些信息，分析师最终做出决定，判断它们是否相关。这里的判断标准就是"客户特定的信息"，因为它包含客户的具体背景，与我们查看某个普通技术所使用的模型是相对的。分析师做出每一个决定之后都将这个决定通过机器学习算法合并到机器中，以在判断关系等级的时候做出更好的决策。相关专利的提示会发送给那些关心特殊技术的特定用户。该方法的一个大优点就是去除噪声。客户通常不会花时间去阅读来自商业数据库简单警报的报表。再次注意：AI 算法的使用仅限于产生这些端到端警报的一个非常特殊的部分。

对于 AI 的使用，有很多积极正面的、非常强大的例子。但即使是面对简单的问题，我们用来创建第 2 级信息和第 3 级洞察力的经验测试 AI 引擎也表现不佳。参考 Evalueserve 公司 InsightBee 的市场智能产品，我们需要能进行半自动化搜索数据源，选择其中大部分相关的事实，使其结构化，然后将它们输入到分析师能够进行分析的平台。这样做的目的就是希望提高回答简单商业问题的效率，以及提高刻画高层执行官、企业、工业形象的效率。

在一次全球评估练习中，我们测试了 25 个可用的商业 AI 引擎。其中仅有一个能够完成部分工作，即瑞士的 Squirro。效率的提高程度被展现出来，但是依然有限。需要合理规划在这种引擎上的投资，InsightBee 平台每年都有大量的工作要处理。如果工作量较小，这样大规模的投资就是不合理的。

经过对上面 25 个 AI 用例的评估，评估结果可以概括为以下几条：

❏ 其他 24 个 AI 引擎都或多或少有些夸大，其工作效率并不是所说的那么高效。

❏ 即使是 Squirro 引擎，对于各不相同的、相互独立的初级用例，也需要相当长的时间来训练、优化。

❏ 在整个工作流中，AI 对生产效率的提高被限制到一个相对较小的范围。总体来说，InsightBee 报表的端到端花费大约是使用人工分析、不用自动化产生相同一份报表花费的一半。然而，人工分析是从多种数据源中进行分析，但是 AI 仅仅使用一个数据源。大部分有意义的收益来自于使用自动数据库接口（ADI）、具有优化流程的智能工作流系统、专业的文本编辑器与格式化工具、半自动化的发布引擎、基于知识对象的知识管理（KM）系统（该系统称为 K-Hive，可以优化知识重用）。AI 可以从非结构化的数据源中收集数据，然后将关联度最大的研究结果呈现给人工分析师，以供更进一步的评估和推断。

❑ AI 可以帮助找出第 1 级数据，并提取相关的第 2 级信息。这些信息会作为原始数据被放入草案报表中。它本身并不能产生第 3 级洞察力或第 4 级知识。

❑ AI 部分相当于一个黑盒，是不透明的，会产生大量的误报，其输出结果的质量需要人进行全面检验。当然，很显然，该引擎会搜索网页和其他数据源。但是如果使用该方法，需要明确三个基本问题：（1）缺乏透明的审计跟踪；（2）AI 中的假阳性、误报；（3）80% 的质量问题（后面会详细讨论）。

❑ 工程用例总会花费几周的时间，还需要非常紧密的协同工作。它并不像一次性用例，我们承受不了它的工作压力。这表明，AI 更适用于非常频繁且重复的工作。

❑ 由于引擎构造起来比较复杂，可能不会在机构内部设计出这样的引擎。现在，Squirro 就像整体供应链中的二级供应商，而 InsightBee 就像组装完成后的丰田汽车或者空中客车（获取端到端的效益需要完成对多种技术的集成）。

❑ 二级用例适用于特定的使用场景，即使是有一丝的偏差，都需要为其产生一个新的用例。拥有可以独自适用于大范围的分析用例的智能算法依然是遥不可及的。

现在，让我们看一下之前提到的三个基本问题：（1）AI 的黑盒性质；（2）AI 中的假阳性；（3）缺少完整性的证明。

由于特定的技术和算法，黑盒是大多数 AI 方法论的固有特性，但是这也带来了一个实际问题。尽管黑盒算法可以得出有用的结果，但是它们仅仅在所有东西都被正确使用，所有风险和限制都完全清楚的条件下才能正常工作。如果在使用过程中出现了错误，或者使用者不是完全明白其中的限制，那么审计追踪可能会失效——没有人知道黑盒中发生了什么。

知识产权：管理增值知识产权警报

背景

组织
全球畅销消费品（FMCG）制造商

职能
全球知识产权与法律服务

行业
全球畅销消费品

地理位置
全球，欧洲总部

商业挑战

- 及时地精简并规范收集、筛选、标注、传播准确的知识产权和研发信息的过程
- 减少客户需要筛选、标注的数据数量

解决方案

公司分析师	客户分析师	客户端用户：研发和法律团队
专利 / 期刊 / 数据收集 / 筛选	审查筛选 / 技术标注	标注文档存储仓库 / 收到警报 / 法律风险标记

方法

- 建立专门的、熟悉本地市场的商业分析师以及执行数据密集型项目的数据分析人员团队
- 设计中心数据引擎，用于内部、外部市场信息的存储和重用
- 开发多于 15 个市场库存报表，包括主要行业和地域内的最大市场
- 在仪表盘上显示聚集的关键市场信息，并建立一个文档存储仓库

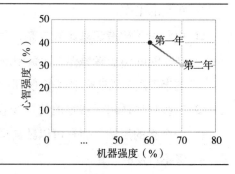

（续）

分析挑战

- 创建一个单一的完整工作流，所有工作在其中的人都能够在线访问
- 提供一个中心仪表盘，来监督工作进行状态以及管理任务
- 为一个可行有效的复审、标注任务的方式，提供一个专门的环境
- 向客户端用户发送定制的警报通知
- 使用存储仓库中的数据，自动生成其周期趋势以及竞争对手的报告

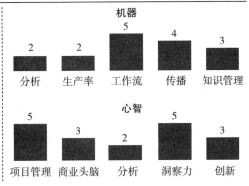

收益

生产率	上市时间	新能力	质量
• 每月分析 14 000 项专利 • 通过自动化提高 40% 的生产率 • 在客户端和 Evalueserve 公司，为 200 个终端用户服务	• 4 个月建立平台 • 新的客户端可在 1 个月内完成搭建、运行	• 独立存储最新更新和趋势报告的数据仓库 • 标准化、可配置的在线工作流 • 跨团队的无缝合作	• 机器将人工处理遗漏文件的数量减少了 10%

实施

- 保证 48 小时内完成安全的云实例部署
- 1 个月内运行为客户准备的解决方案
- 每个月在客户工作流中进行总计 100 个小时的分析
- 第一年为解决方案投入 14 美元的日常开支

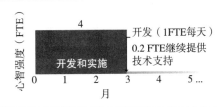

现用一个例子详细说明其中可能会产生的令人头痛、难以入眠的结果。有一个 AI 方法论，名为"深度信念网络"。假设你是一家银行的合规性经理，27 岁的执行董事通知你，现在银行投资 5000 万美元去开发一个深度信念网络，找出商品价格变动的规律。你感觉如何？听一听它的定义，可能不会让你感觉更好，"一个深度信念网络是一个概率生成模型，其中包含多层隐藏单元。"[19]

这种算法能够得出有用的结果，并且我们能够安全地做出假设，一些对冲基金在模型算法交易中，使用这些模型赚了很多钱。一个比较大的问题是，只有在所有东西都使用正确，且所有风险和限制都完全清楚的情况下，才会一切顺利。然而，如果有人犯了错误，或者将模型、代码交给另外一个不完全了解它的限制和风险的人，那么灾难将会发生。5000 万美元可能突然变成 4000 万美元，而且没有人知道原因。其中发生了什么故障、发生了什么根本无从得知，原因就是（黑盒）中间层的单元都是隐藏的。银行不得不弥补其中 1000 万美元的空缺。按照现有的金融条例，签署全面实施风险管理和银行工作性质声明的总经理甚至会入狱服刑。

完全理解这些 AI 模型并有处理经验的专家少之又少。至少，独立的人工控制需要参与其中，检查公司内的 AI 都做了什么，并且你需要明白其中的风险。

假阳性是第二个问题。所谓的智能引擎搜索被认为可以得出相关度很高的搜索结果。我们每天都在使用谷歌、必应、百度，它们都能够给出比较准确的搜索结果。这里，让我们深入分析一下。

当你在谷歌引擎中输入词组 "artificial intelligence" 时，0.6 秒之后，你会得到约 6800 万个搜索结果。你真正会看的有多少？你阅读的内容会超过前两页或前 3 页吗？可能不会，而且我相信大多数人都不会，有 67 999 970 条信息是不会被用到的。真正相关的结果有多少？不相关的结果又有多少？不相关的结果叫作假阳性（二类错误，"failure to reject"），而相关的、未被发现的结果叫作假阴性（一类错误，"incorrect rejection"）。每个人都想最小化其中的假阴性和假阳性，这需要一个折中。如果淘金盘需要获取每个小的金块，那么它也会得到很多不需要的石头。如果淘金盘中间空隙较大，它将会错失小的金块。而我们需要让淘金盘的空隙合适。

然而，当需要确定是否找到真正有用的搜索结果时，由于做出错误决定的代价很大，我们依然需要人工判断，这样的人工判断以很多其他的因素为基础，这些因素可能未被包含在数据中。

最近，一家银行尝试构建一个内部搜索引擎，用来对百万个文档进行搜索，以确保银行可以从之前的数据中找出相关的页面数据，这样可以让他们不必从源数据中重新复制，节省了很多时间。这里需要一个过滤器，以确保其中不包含客户的机密资料。例如，一些关于新的并购交易的想法，不能被那个客户的竞争对手得知。这类信息称为内幕信息（MNPI）。如果 MNPI 泄漏到市场中，对金融和声誉都会造成严重的后果——可能是数十亿的损失。在这个例子中，AI 的问题就是它不能判断一份 PPT 中是否包含相应的 MNPI，除非它被标注为 MNPI。即使给出标签也是有问题的，由于情况可能随时间变化，对百万级的 PPT 进行标注保存需要耗费巨大的精力，这样巨大的消耗是很不划算的。

在某些情况下，假阳性可能会造成很多重复的工作和风险。尽量减少假阳性就是我们的目标，但是这会造成一些附加的花费。你需要与团队中的其他成员进行交流，以权衡利弊。

参考相关的服务等级协议（SLA），有些产品的质量需要达到 100% 或者接近 100%，而目前的质量仅为 80%。为了阐述其中的问题，现举一个例子，Evalueserve 公司想要推出一个新的信息产品，名为 CXO，其中调用了 AI 的使用接口。它应当显示从一个银行家到相关的经理或者董事会成员的最短路径。例如，银行家知道 CEO A，而 CEO A 又在公司 B 的董事会上出现，为 CEO C 进行服务，C 就是银行家的目标客户。之前，市场中存在一个名为 Relationship Science 的产品，但是它太贵了，我们的客户希望有一个相对便宜的替代产品。唯一的解决办法就是利用 AI 方法开发一个新的产品。通过 AI，可以从百万级的文件（例如披露的信息、年度报告和其他文章等）中查询这些关键决策者显式（例如董事会、慈善会）或隐式（例如高尔夫俱乐部）的关系。经过大量的测试，我们使用的 AI 算法的正确率高达 80%，团队为此非常骄傲。糟糕的是，依然还有 20% 的错误率，这与其他产品相比错误率太高。接下来，我们需要面对 AI 的一个根本问题：如何知道 20% 的错误出现在哪里？一个数据记录并不能说明什么问题，也不能告诉你哪里错了。当客户告知质量达不到要求时，你才发现很难找出错误的来源。那么怎样解决？可以通过人工的方式进行修改。但是这里有一个问题：你几乎要人工调整所有的记录，而并不是出现问题的 20% 所在。这几乎要全面否定我们的产品。因为 100% 的人工返工与我们设计低成本产品的目标是互斥的。

投资银行分析：标识（Logo）库

背景

组织 投资银行	**职能** 并购信息和资本市场
行业 金融服务	**地理位置** 全球

商业挑战

- 制作干净、清晰度高、无背景的公司 Logo，供投资银行制作项目说明书时随时使用

解决方案

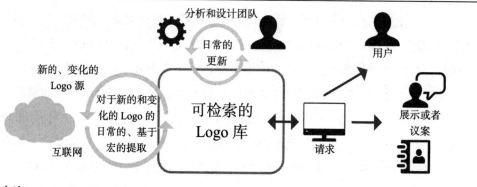

方法

- 创建一个集中管理项目的办公室（PMO），用以训练团队识别并分析提高效率的机会
- 为效率增益指数，各种团队都在做的、性质未知的工作创建一个标准定义
- 为效率增益共享、层次上卷以及位置索引建立规则
- 创建一个实时的仪表盘，汇总多层分析产生的数据

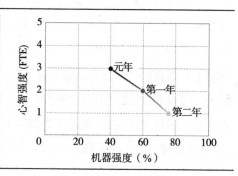

（续）

分析挑战

- 缺少集中的 Logo 库
- 缺少在线的可用高质量 Logo
- 大量时间用来删除重复 Logo
- 最终文件的上市时间取决于设计人员的工作能力

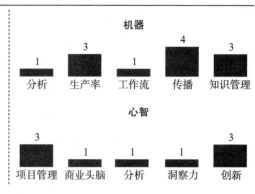

机器

1	3	1	4	3
分析	生产率	工作流	传播	知识管理

心智

3	1	1	1	3
项目管理	商业头脑	分析	洞察力	创新

收益

生产率	上市时间	新能力	质量
• 集中 Logo 库使很多客户受益 • 在说明书上使用 Logo 的整个过程节省了 75% 的时间	• 更快地获取干净的 Logo，减少创建推销书幻灯片的整体时间	• 在微软产品上开发基于表单的 Logo 提取接口	• 快速获取高质量的 Logo，提高最终产品的质量

实施

- 成立特定的设计团队，在第 1 年创建 Logo 库
- 在第 2 年推出多用户的工具，并加强 Logo 库
- 第 3 年起，需要完成 Logo 库最小化设计，支持管理、更新

　　当然，AI 的支持者可能会说，我们的 AI 程序不够好，有待完善。可能这是对的，而且我们还有很多超级聪明的数据科学家在进行这项工作。然而，为了使最终产品上市，需要相当大的努力，这也是我们放弃这个项目的原因。如果之前知道这个问题，我们就会使用一些有限制的测试用例，这样就能节省大量的时间和金钱。

　　另一种情况，某大型商业企业和投资银行的经理告诉我们，客户使用电子邮件、各种在线聊天以及其他电子通信的情况。它的 COO 告诉我们，公司投资了 5 千万美元用于一个合规性软件，试图在书面文本中查找可疑的模式。然而，他们发现，基于 AI 的软件依然只能获取已知的、显而易见的用例，还有已知的未知用例。它们不能获取未知的未知用例。或者，从定义上来讲，AI 能够高效地检查第 1 级数据，甚至可能会检查第 2 级信息，但是它不能像夏洛克·福尔摩斯（Sherlock Holmes）那样有创造力，AI 还不能深入到第 3 级洞察力。像"今天的太阳是绿色的"的编码信息，可能会传达一个交易或者一家公司的内幕信息，但是如果这种情况之前未发生过，软件不会认为它是可疑的。知道 AI 方法的这个缺点之后，该银行实施了人工检查办法，每个管理人员需要让他（或她）的团队成员在闲暇时间审查两个营业周之内所有的电子邮件和聊天会议。COO 说：

　　"与我们目前拥有的监管技术相比，这对我们公司文化的影响更大。令我们意外的是，这项举措的一个积极影响是电子邮件的个人之间联系开始改善。当然，这需要投入的工作时间巨大，但是在所有层级都实现了。"

看待 AI 的另一个重要维度就是它在自动化收益中所占的整体份额。当然，设计非常棒的 AI 能够贡献良多，但是它仅仅在一些特定的端到端的适用场景中发挥作用，这就要归咎于起初提出的一些特性。事实上，我们的估计表明，AI 在自动化收益中的平均水平仅仅为 20%，然而，在其他因素上，例如工作流平台、生产工具、分析引擎、格式化和传播引擎以及知识管理贡献了剩余的 80%。还要记住，AI 对第 3 级洞察力的贡献几乎为零。

在 10 亿个用例中，高 AI 使用率的用例很少。对于大多数的使用场景，AI 的使用很受限制。这就意味着，10 亿个用例中对于 AI 的使用远低于 AI 应用的平均水平，其中要么因为不经济，要么就是用例太复杂。

要了解 AI 使用的益处，首先需要定义自动化收益的维度。为此，我们引进客户收益框架（生产率、上市时间、质量、新能力）。一些有经验的读者会知道经典的成本时间质量框架，在麦肯斯公司使用得很多。然而，由于上市时间更清晰地表达了时间维度，新能力维度完全缺失，因此在 Evalueserve 公司，我们要拿出拓展的客户收益框架。本书展示的所有用例都会从这 4 个维度来描述客户收益：

1. 生产率：自动化生产的收益被定义为在一个端到端的使用场景中，使用自动化与不使用自动化相比，所节省的工作时间。在投资银行营销方案的制作过程中，我们看到，对一些客户来说，30% ～ 40% 的收益源于自动化的应用。这就意味着，对于一项需要 10 个分析师的工作，自动化将分析师减少至 6 个或 7 个。

2. 上市时间：上市时间大约比竞争还要快。咨询公司在该过程中投资很多，这可以让他们更快地提交建议，其中需要进行一系列的基本过程的变化。相似地，资产管理行业也明白，他们对养老基金和其他机构投资者的要求更为精简。我们可以看到投入其中的时间减少了33%。

3. 新能力：在与客户的大多讨论中，这都是主导维度，因为客户需要新的方法来增加竞争力。其中包括像从头开始建立数据资产，例如一个环境、社会治理的指数，这些需要1800多家公司进行分析，在PPT中以全新的方式呈现数据。根据目前的挖掘能力，还需要进行更多的讨论。

4. 质量：越来越多地，质量不仅仅是低错误率，也包括审计追踪和模型检查。现在的方法有两个示例，即在允许的参数范围内进行自动检查的金融模型以及减少发生类似画错小数点等人为错误的可能性。为模型创建审计追踪可以帮助完善问责制度，因为这能够清晰地展示什么人在什么时间做出了什么改变。

这4个因素是任何用例投资回报率潜在的驱动因素，所以计划、执行、评估都应当适用于该框架。

在每个因素中，自动化收益源于何处？生产率的益处有5个：AI的分析工具、生产率的增强（过程和工具）、工作流平台（过程和工具）、发布和传播引擎以及知识管理（过程和工具）。对于大多数用例，在一些直接工具的支持下，更智能的过程使你完成了其中的80%，AI仅仅是锦上添花的20%。

在投资银行分析的用例中：Logo库是我的最爱之一。将它非常尴尬地展现给用户是一个毫无意义的想法。它包含一个集中、多客户端、拥有40 000个整齐Logo的库，还有一个PPT插件，它可以在推销书中将合适的Logo放在合适的位置。在投资银行中，这个过程的改变平均每年节省了12 000个工作时，意味着银行经理可以更多地关注其他令人兴奋的活动——例如更多地关注客户。在这个用例中，AI仅仅体现在有限的机器学习算法使用中，计算Logo的大小和位置，使它们放置得更好，但是并没有产生多于20%的收益。80%的收益来源于其中更加合理的使用过程，一个可以用来连接客户的库，一个相当简单的插件，还有对桌面出版流程（DTP）的深入了解。

另一个好的例子就是知识产权：管理增值知识产权警报，这在前面讨论过，其中智能机器学习算法用于评估最近公开的专利。尽管它很有用、很有帮助，但是

90% 的自动化收益来自于一个智能的工作流、警报的自动格式化、自动传播以及知识管理。随着客户数量的增大，需要做大量的重复工作。还有更多的用例也是如此。AI 虽然很有帮助，但是它仅仅贡献一部分价值。

　　基于提到的所有原因，在大多数使用场景中，都需要人机共生模式。而且本书希望向你展示：与 AI 相比，术语"机器"的含义更加广泛，它还包含很多其他的因素，例如用于工作流的工具、自动数据库接口（ADI）、生产率、传播以及知识管理。

谬误 9

一切都必须在内部完成

自 2008 年金融危机以来，对银行、企业的风控和合规职能要求越来越高。企业文化似乎已经由信任员工转变为不信任，甚至演变为对最忠实的员工的不信任和监督。合规职能被赋予了无限的权力和权威。的确，增加合规职能以应对金融危机等事件是必要的。但是，它不会产生收入，也不能带来竞争优势。企业要为合规性付出直接或间接的成本，毕竟合规性的基本出发点是"不，我们不能"，而不是"是的，我们可以"。公平地说，这种观点反映了合规职能的作用——为合规职能花钱本来就是用来避免风险的。

合规性在各个方面都对分析有影响。根据具体情况，需要从多角度分析。例如，在营销相关的交叉销售分析中，客户机密和防歧视法律很重要。然而在计算指数（index）时，重要的主题变成了这些计算的正确性，以及基于这些指数资产持仓的银行存在潜在的利益冲突。因此，每个用例有合规性要求，不同维度都有不同优先级的合规性要求。这种复杂性没有让每个人的生活变得更容易。

需要重点关注的问题是：各层合规性要求是由监管机构泛泛而定来避免风险的。然而，由组织自发产生的多层合规性要求，或显而易见，或不知不觉，都限制了公司开展业务和竞争的自由。假设并不是任何事物都是对错分明（black and white）的。我们必须解读监管者的规则。有时候，不同地区的监管机构在同一问题上有不同的看法和着眼点。全球性企业会陷入不断变化的规则网络，因为一些规则正在考虑中，在游说（lobbying）完成之前，很难确定这些规则最后的情况。

正因为这些问题，合规职能需要决定，到底是即使在某些司法管辖区没有必要，也要保证最大程度的预期合规性，还是刻画多维合规性空间的每一个商机

（niche），代表公司竞争，捍卫做生意的最大自由。目前两种选择各有拥趸。

假如从供应商的角度来看，我们的客户群体的差异常常很有意思。有时同一行业的不同公司对规定的解释和相应的行动是截然不同的。例如，一些银行决定出售自己的业务，因为这些银行觉得自己无法解决固有的利益冲突问题，而另一些银行则决定维护自己的利益，不出售业务，而是制定独立的合规职能来控制收益和潜在的利益冲突。

另一个客户群体差异很大的领域是数据安全。数据分析需要大量数据，因此数据合规性要求会直接影响哪些数据可以用作分析，哪些不可以，哪些人有权限接触这些数据，哪些人无权接触，以及该公司是否可以在某些情况与外部机构合作。与以前一样，不同公司之间的差异也大到不容忽视。例如，一家欧洲的大银行认为所有客户信息都是"只有内部可以访问"，甚至是不太敏感的 B2B 公司数据。当然，大家都明白，一些权贵的个人信息可能受到隐私法的约束，这些数据不能离开银行，律师事务所和会计师事务所也有类似的限制。但是，企业的名字真的需要同等级别的保护吗？大多数其他银行不会将这种类型的数据视为"只有内部可以访问"，这允许银行将大量工作外包给高效率的专业供应商负责。即使要保护这些信息，也可以应用"隐藏"技术完成：把工作外包的时候，可以用信息标志符替换真实的机密信息。

数据合规性要求和其他类型的合规性要求通常用于证明在内部执行的所有工作合规。这可能导致业务执行非常低效，并带来附加的成本。其中附加成本包括现金成本和机会成本。为什么要这么严苛地解释 / 理解这些合规性要求呢？因为这些都是"浑水"，需要非常小心以免弄脏自己。我们从一些非正式讨论中找到两个主要原因：通过合规性来真正规避风险和实际操作时的各自为政。这两种原因综合起来，导致业务就几乎不可能外包。

公司最终采用的方案通常是所谓的"专属公司"。"专属公司"是公司的内部营运部门，一般设立在较低成本的地方，例如波兰、印度，或英国、美国的二线城市，如曼彻斯特或盐湖城。当然，更多的工作意味着更多的人参与进来，意味着对应部门的经理会有更大的权力。

以下是你打算采用"专属公司"时应该考虑的问题：

❑ 这是监管机构在相关管辖范围内明确规定的，还是自己强加（self-imposed）

的合规性要求？

- ❑ 是否有诸如"隐藏"技术措施，用来解决合规性问题？
- ❑ 把工作放在内部谁将获利？这是否与"专属公司"经理的个人目标之间有利益冲突？怎样操作对公司最有利？

肯定有一些信息和洞察力永远只能留在内部，这就是所谓的重要的不公开信息（MNPI），例如关于即将到来的合并或收购的内部信息。如果这些信息泄露，就可能影响股市和股价，造成数十亿美元的损失。这些信息就像是信息空间中的核设备，聪明的供应商从不触及这些信息。但是，对于大约 90% 的用例，可以比较容易找到合适的解决方案。

内部 IT 部门会有这样一种谬误："内部安全优于外部安全"，我称之为"云是很糟糕的"综合症。但是事实上，与一般 IT 管理团队提供的数据保护相比，数据由亚马逊网络服务管理更安全，它具有一套建立在数据托管和保护上的完整商务模型。

你不必成为合规性相关事宜的专家，但是你需要就自己的用例提出正确的问题，同时考虑内部 IT 合规性的要求，不要迷信标准答案。多考虑一点就可能节省数百万元，并迅速获得更高的收益。

管理间接采购市场智能：高效采购

背景

组织
石油和天然气大公司

职能
间接采购
市场智能

行业
能源

地理位置
全球

商业挑战

- 培养及时了解市场、供应商和竞争对手采购的洞察力
- 确保合规性要求和业务持续性，减少供应商 / 采购风险

解决方案

解决方案类型	解决方案	影响
加速器	消费智能研究 成本模型	采购职能的创新 基于事实和有效信息源的决策 有助于驱动业务增长
流程优化	商品编码结构化	保证整个供应链的合规性 增强报表和投资回报率
使能器	品类智能 供应商识别和特征 供应商风险评估	分析驱动的决策 使品类经理有可行的洞察力 把供应商风险最小化

✿ 基于流程和框架的组件
✿ 基于工具的仪表盘的组件

方法

- 创建框架，以评估和监测供应商的财务风险以及选定的不良供应商
- 创建深层财务模型，以深入分析不良供应商
- 通过成本分析，确定品类趋势，确定供应商的议价能力
- 为 RFP/ 来源识别和分类供应商
- 对供应商和品类关键事件提供定期的更新

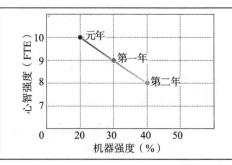

（续）

分析挑战

- 为定期监控品类和供应商的新闻，确定和实现一种扩展机制
- 为扫描大量的非重要供应商，创建一种自动化的框架
- 当有效利用历史信息时，确定合适的供应商
- 比较供应商报价和应计成本（should cost）以及评价合理性

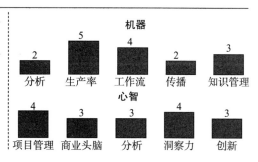

机器

| 2 | 5 | 4 | 2 | 3 |
| 分析 | 生产率 | 工作流 | 传播 | 知识管理 |

心智

| 4 | 3 | 3 | 4 | 3 |
| 项目管理 | 商业头脑 | 分析 | 洞察力 | 创新 |

收益

生产率	上市时间	新能力	质量
• 多亏自动化套件，每年总共节约 2630 小时 • 在成本模型创建中获得 25% 生产率	• 供应商记分卡工具允许品类经理减少花费在收集必要信息的时间	• 新的"应计成本"，估计端到端的电子发现服务的成本 • 评价未来不良供应商金融稳定性的金融模型	• 模板中的一致性 • 更精确的和富于洞察力的金融风险分析模板

实施

- 所有工具的开发时间总计达 290 小时
  - 阶段门径管理方法：100 小时
  - 财务健康检查工具：50 小时
  - 智能通信自动平台（SNAP）：100 小时
  - 校对工具和加载项：40 小时
- 所有工具的总实现时间达到 50 小时
- 持续的季度维护时间为 30 小时
  - SNAP：每季度 20 小时
  - 校对工具和附加项目：每季度 10 小时

谬误 10

我们需要更多、更广泛以及更华丽的报表

现代社会，光怪陆离，有一点可能会让人感到奇怪，那就是层出不穷、生命力顽强的报表。我常常把这些报表当作各种细菌，并且已经产生了抗药性，它们疯狂滋长，触及各个角落。实验室咨询总经理 William Heitman 写道，他所采访的 200 家世界 500 强企业中有 85% 的公司的财务部门没安排人去跟踪定期制作的报表数量和使用情况 [20]。

有 7 个因素导致了这种逐渐变坏的情况：

1. **编程因素**：许多报表是自动生成的（例如在 CRM 或 ERP 系统中自动生成），这可能意味着它们只由自己的程序产生。有些只是按照时间表运行，即使它们的原始需求早已过期（long since expired）。实际上，我们需要的那些有用的数据可能需要修改数据结构，因而需要进行维护。有些数据可能会导入其他报表中，进而构成嵌套结构，导致更难于更改上游报表。

2. **心理因素**：人们普遍希望他们的名字出现在所有的列表中，因为他们害怕被遗漏，他们会为自己是重要的而感觉很好，往往错误地以为在列表中就意味着重要。

3. **新的数据类型**：社交媒体和物联网的出现创造了一个全新的用例世界，可为这些用例产生报表——报表爱好者的沃土。

4. **新的报表标准**：2008 年的金融危机可能导致全球报表数量爆发式增长，这比其他任何单一事件造成的影响都要严重。"Disclosure Overload and Complexity：Hidden in Plain Sight"是毕马威（KPMG）的一项研究，列出了美国监管机构和会计准则机构发布的 200 份新文件。这些机构包括美国证券交易委员会和财务会计准

则委员会 [21]。毋庸置疑，不管是跨国公司还是国内的公司都必须遵循这些新文件的要求。

5. **临时需求**：事实证明，世界变得越来越活跃、变化多端，我所接触的许多首席财务官正被波动的季度预算噩梦困扰。一些临时需求往往导致了永久报表，人们却不知道这些报表是否持续需要。懂大局的人会立即意识到一张报表也不需要。然而，那些跨部门或地区的报表很少拥有一个具有全局观的信息集成所有者。每个人都假设其他人仍然需要报表，并将其运行的成本视为零，但是正如我们已经看到的，结果完全可能是报表被删除或忽略。

6. **损耗**：即使报表的主人已经不再关心这个问题，该问题的相关报表还是层出不穷。

7. **用事实说话**：决策已经演变成一个过程，每个决策都需要记录在案，并得到大量事实的支持。有些人认为萨班斯·奥克斯利法案（Sarbanes-Oxley，SOX）是罪魁祸首。但是我认为，SOX 只是一种政治迫害、相互指责（witchhunt mentality and finger-pointing）新倾向的表现。

企业家在 19 世纪和 20 世纪仍然以直觉为导向。那么，在进入 21 世纪之际，大量的丑闻被曝光，例如 Enron 事件和 WorldCom 事件。如今，每一个决定都需要记录在案，并得到事实的支持，这样后人能够弄明察谁在哪个时间点出了哪些错误，以及为什么会发生这种事。当然，有更好的文档和更多的事实会带来更多的好处，但是许多经理却说物极必反，太纠结于事实可能会走向另一个极端。

由于上述这些原因，报表数量正逐年上升。得益于大数据工具可以在数秒钟内运行数千种模型，我们会收到更多的报表。一家前世界 200 强的制造公司，仅财务部门就可产生 10 000 份定期管理报表，每 25 名员工就有一份报表 [22]。

由于功能强大的计算机能够轻松生成报表，许多人认为这样的报表是没有成本的，然而我们将看到，事实不是如此，主要的问题甚至不是产生报表的成本（估计范围小则几百美元，大则每年几千美元），而是使用一个没有洞察力产品所花费时间的机会成本。而且，难道大家没有过花时间尝试在各种报表中调和不同的数字来创造真理的经历吗？在这种冲突报表上可能需要花费几十分钟的工作时间，有时持续数周，需要开多次会议。

特别当诸如奖金或升职等比较敏感的决定以这样的报表为基础时，员工的情绪可能高涨，就像建筑材料公司所经历过的不愉快事件。市场份额报表的多个版本在公司有三个不同层次的用途：国家、区域总部、全球业务部门和营销部门。每个国家的市场份额都是当地经理评估年度绩效的三大关键绩效指标（KPI）。由于他们不能就绝对真相达成一致，所以将这项工作交给外部机构来做，外部机构发现报表中市场份额的定义不同，报表中的数字无法对应。

报表严重缺乏的是第 3 级：洞察力。大多数报表只是产生第 1 级数据或第 2 级信息表，但是几乎没有洞察力和知识。思考你过去的 90 个工作日：我们可以放心地假设你有每月 3 套的和每一个季度的报表周期。你收到了几份报表，它们与什么内容有关？有多少报表实际提供了一些可操作的第 3 级洞察力？在与管理人员的几次对话中，我听到只有 5% ～ 10% 的报表有这种洞察力，这只是花费时间研究了这些报表之后的结果。

在 BusinessIntelligence.com 的一份报表中，CEO 和 CXO 也抱怨交付给他们的报表的形式 [23]。虽然超过 50% 的人希望那些报表是可操作的、可交互的，但是只有 15% 的用户定期使用仪表盘作为主要的洞察力来源。此外，72% 的企业领导表示，他们无法通过移动设备查看业务信息，更别说查看以基于活动的警示形式推送的重要洞察力。他们也抱怨报表不可定制，或者不允许他们下转（drill down）具体的问题。

最终，我们不断听到管理人员想及时获得简短的相关警示的诉求。简短的意思是指最多几行文字可能引申到深层次的含义。相关意味着他们不希望有与个人背景无关的杂乱信息。警示是指他们在上班的路上可以通过手机接收一些内容，而不是内部网站上的警报。及时是指报表在某些事件发生时就出现，而不是在每个月或季度报表周期结束时出现。这个发现与报表生成行业的未来以及一般的分析高度相关。我们的例子是" Insight Bee 采购智能：采购风险的有效管理"。间接采购组织的决策者在供应商突然处于风险状态下或某些事件潜在地威胁到供应链的时候会发出警示。

花费在报表上，而不是在接收有针对性和相关的信息上的机会成本可能很高。看看销售人员和销售经理的人数，他们应该在客户会议上花时间。如果他们可利用路上的 10 ～ 20% 的时间，而不是被困在办公桌前处理琐事，那么会有更多的销售会议。但是人们总觉得销售人员应该花时间将数据制作成一些报表，销售人员也要花时间阅读所收到的大量报表。

　　当然，一些报表是有用的或必要的，或者既有用也有必要。然而，有些报表肯定不能提供第 3 层级洞察力，因此可以被简单地削减。其他的报表可以通过更合适的方式提供信息：对于移动设备，以短信的形式或在应用程序中提供 2 ～ 3 个相关的要点，这比一个充满链接文档的时事通信要友好一些。

　　从这些视角来看，很明显，许多分析用例应该遵从经济达尔文主义（economic Darwinism）。也就是说，应该把投资回报率低的那些用例清除掉。其他隐藏洞察力的用例应转化为主动推送、事件驱动的警示，即在合适的时间、以合适的方式、在合适的地方，提供正确的洞察力！

Insight Bee 采购智能：采购风险的有效管理

背景

组织 大中型企业	**职能** 品类经理、采购、营销 智能、CPO
行业 间接采购，所有行业	**地理位置** 全球

商业挑战

- 管控采购风险
- 跟踪供应商和供应商品类，以防控风险和事件
- 通过分析和洞察力做决策

解决方案

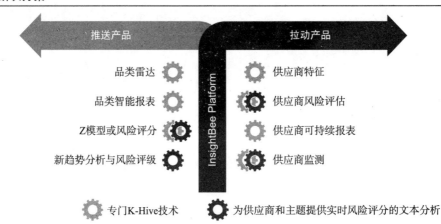

推送产品	拉动产品
品类雷达	供应商特征
品类智能报表	供应商风险评估
Z模型或风险评分	供应商可持续报表
新趋势分析与风险评级	供应商监测

专门K-Hive技术　　为供应商和主题提供实时风险评分的文本分析

方法

- 根据客户的个性化配置，向客户发送警示和每周摘要
- 提供对所选风险事件的更深入的分析
- 支持简单的自定义查询服务，提供自定义报表来驱动操作（供应商简介、供应商风险评估、供应商可持续发展报表和供应商监测）
- 提供可定制的交互式仪表盘

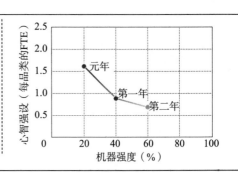

（续）

分析挑战

- 每天从大量的数据提供商（＞1000）中整合信息
- 分析大量的每日新闻，以确定品类和供应商的风险、事件
- 量化与 1000 多个供应商相关的风险
- 创建具有成本效益的平台，分析与品类中的一个客户的所有供应商相关的财务风险
- 根据客户的供应商组合和风险分类，便捷获取新闻

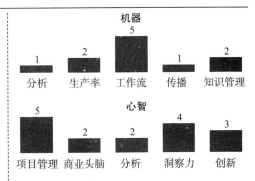

机器

| 1 | 2 | 5 | 1 | 2 |
| 分析 | 生产率 | 工作流 | 传播 | 知识管理 |

心智

| 5 | 2 | 2 | 4 | 3 |
| 项目管理 | 商业头脑 | 分析 | 洞察力 | 创新 |

收益

生产率	上市时间	新能力	质量
• 专有知识管理技术提高了 50% 的生产率	• 提供定制报表快了 50% • 品类智能报表持续更新 • 实时提供风险警示的功能	• 品类和主要供应商的主动风险监视 • 实时定量风险警示 • 通过动态的仪表盘存取新数据	• 洞察力驱动的品类和供应商决策

实施

- 涵盖所有间接采购品类，并扩展到选定的直接采购品类
- 有效满足成千上万客户的需求
- 现收现付模式为客户提供灵活性
- 可扩展平台，可扩展到其他客户端和服务
- 基于 InsightBee 平台的工具
- 最简化可实行产品概念：4 个月
- 费用：20 万美元
- 外部合作伙伴包括用户体验和用户界面设计师、外部开发团队、文本分析专家

谬误 11

分析投资意味着巨大的投资回报率

下面来描绘一个我曾经遇到过的场景，或许你会有一些体会。

近些年来，企业董事会受到来自大数据和人工智能方面的轮番营销轰炸。企业CEO 和管理团队所面临的一个司空见惯的问题是："你们在做有关大数据的哪些工作？有很大的价值吗？"

这些观点往往会导致一些雄心勃勃的计划。第一步通常是雇佣一个首席数据官（CDO）和一支昂贵的数据科学家团队，而这个团队反过来会要求更完备的基础设施，例如数据湖、大数据工具和许可证以及拷贝公司内任何数据到中心数据湖的权限。此外，他们还要得到授权以成为公司的最高权威，从而来决定任何有关数据分析所必须要做的事。但是，核心决策的目标却很少被整体考虑。例如，一个大型制造厂组建了一支数据科学家团队，这个团队一年的运营成本就超过 2000 万美元，这还仅仅是内部成本。在详细研究用例之后发现，还需要额外的技术和软件，这很容易再增加 50% 的内部成本。当然，大约一年之后，将会有一些好的用例有早期的收获，这些用例就像"低挂的果实"，它们往往是自含式的，不需要与很多其他部门进行交互（例如库存水平的预测）。这些早期的成功用例会被作为证据，以论证数据科学家们先进的数据分析能力。

经过 12 ～ 24 个月的蜜月期，这些"低挂的果实"——自含式的用例就会崩溃。在此之后，跨职能的、跨地域的用例就会突然出现在眼前，甚至会有一些用例涉及外部合作伙伴网络（例如批发商、代理商、供应商和监管机构）。在新的数据世界，总部的合规性开始自动导向（started homing）。这也是事情变得混乱的开始。这些用例更多的是关于组织变革而不是数据分析。突然之间，数据科学家遇到很多被动的或主动的对组织的抵制。而在那时业务咨询开始变得更加重要。IT 方面需要更多的投资，所以在合规性的作用下开始取缔一些有潜在意义的用例，而且基本都有很好的理由。然后，来自生产线的反馈陆续到来。一些类似于"总部的分析并不理解我们的业务"或者"我不知道他们对我的数据做了什么，我不接受这种结果"的观点将会在公司领导参观当地单位时有策略性地传播。

　　当然，本着分析至上的精神以及在肾上腺素的刺激下，人们既不能确保是不是有一套正确的系统，使得他们能获得比较好的投资回报率以及比较高的个人用例收益，也没有一个好的管理方案，用来管理用例的组合。通常，分析中心为一些用例计算它们的收益，但是往往不是因为资金的问题就是控制的问题而未能购买这些框架。之后首席财务官会表示质疑，而且也没有证据表明这 3000 万美元所创造的业务影响力。在公司接下来的衰退期中，核心分析团队的一半成员将会被解雇。

　　你可能觉得这种画面太悲观了，但是实际情况恐怕会更糟糕。甚至工业玩家和金融服务玩家都要投资数据分析公司。虽然交易估值并没有公开，但是数据分析公司在 2014 ～ 2015 年的估值被强烈地炒作——它们可以很轻易地获取高达 20 ～ 30 倍的收益。这就意味着一个营业收入只有 2000 万美元的公司可能被估值到 4 ～ 6 亿美元。作为比较的是：一般的服务型公司的估值可能是营业收入的 1.5 ～ 3.5 倍，这是去除利息、税、贬值、分期付款之前毛利润的 12 ～ 14 倍。

　　下面就来说说这种模式如何运行：数据分析公司可能会找到一些具有知名品牌和海量数据的公司，然后它们可能会提供一小支股权供收购，可能是每个收购方出 3% ～ 5%，并且总共不超过 30% 的资产净值。在从收购公司获取利润的基础上，数据分析公司的价值会再次上涨，并且会吸引更多高质量的投资者，投资者的加入会使分析公司继续增值，如此循环，直到公司上市，每个人都从他们最初的投资中获得巨大的回报。当然这种情况的一个基本条件是早期的投资者能够没有代价地获取所有的分析服务以及相应的利益。这是不是很有趣呢？如果所有事情都进展顺利，这会是一个很好的模型。但是，如果事情中途变质了，那么它看起来像是一个随时可能崩溃的庞氏骗局，至少会有一个用例是这样。

在 2013 年巴塞罗那进行的加特纳商务智能和分析峰会的专题讨论中，供应商们估计，在全面理解手头业务之前，有 70% 的分析项目没有达到预期[24]。原因是在充分理解手头的业务问题之前，分析结果已经投入使用并且半途而废了。在某种程度上，20 世纪 80 年代是很好的一个时代，因为当时几乎没有数据可以使用，并且获取数据的代价是十分昂贵的。很高的预算在当时是不可能的，所以第一步是建立老式的问题树来了解业务问题的结构以及目标，然后试着想出一个方法来解决这些问题的子问题。猜猜看这个过程中什么是必须的？思考！现在有如此多的数据，以至于人们不能预先花点时间（up-front time）进行更多的思考。

"品牌认知分析：数据领域的评估意见"是一个很好的例子，其中有关分析问题的精确定义避免了在意义不大的地方付出荒诞的超额工作量。新的数据源（例如社会化媒体）很有吸引力，但是如果前期没有很好的规划，大量的努力也不会产生有影响力的洞察力。

与之相对的一个比较适中的例子是：需要进行数据分析的公司实施了适当的管理方法和财务管控，要求每一个用例所涉及的业务范围和业务目标都要有明确的定义，并对用例集的管理非常严格，取缔一些没有利润空间的用例，并且比较合理地混合使用核心的和非核心的资源。公司可能用很好的策略创建让人感兴趣的业务，并且配备有创业精神的内部创业管理员，让他们来运营这些以主动权居于核心地位的用例。诚然，这种模型看起来并不是那么有魅力，董事会成员必须要对此稍微多点耐心，但是如果是以可持续发展为目标，那么这将是一个行之有效的策略。

人们似乎更多地关注于分析本身，而不是与之相关的其他方面的因素，从而为终端用户创建一种有效的端到端的方案。分析不能仅仅包含人或者机器其中之一，而要做到两者兼顾。

心智：除了数据科学家之外，跨职能的程序管理员、业务分析员、IT 人员、终端用户代表以及外部合作伙伴都应该成为项目团队的一部分。财务管控与风险、合规性之间的连接应尽早建立。当然，并不是每个用例都会用到这些全部的内容，但是最重要的用例群肯定都会用到。

机器：端到端的方案需要更多的组成部分，而不仅仅是分析数据。对于任何成功的用例来说，生产工具、工作流平台、宣传或者"最后一英里"的引擎以及知识管理都是必不可少的。此外，在资金条件允许的情况下有条不紊地获取收益也是很重要的。

管理方案和生命周期管理：最初数据分析的激情让很多人忘了为某个用例，甚至所有用例建立适当的管理方式，并且为所有的用例都想出可能的生命周期。这对于每个人来说都会使事情变得更简单，尤其是在快速变化的环境中。

最后的建议是：不要认为分析是至高无上，并且要避免不考虑上述提到的因素而直接跳到数据分析环节的做法。

品牌认知分析：数字领域中的评估意见

背景

组织	**职能**
生命科学公司的制药部	营销
行业	**地理位置**
生命科学与卫生保健	全球范围

商业挑战

- 建立信息追踪和管理机制，积极实施数字化战略
- 向品牌所有者实时发送质量检测警示

解决方案

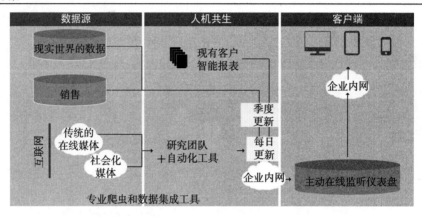

方法

- 针对每个品牌的个性化数据追踪协议及其在主要市场的挑战
- 建立多语言数据分析团队进行数据处理以及洞察力获取
- 开发基于云的用户界面来展示分析、趋势和洞察力

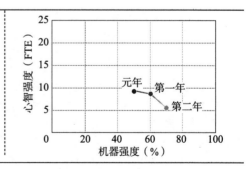

（续）

分析挑战

- 用动态演化的设计原则和规范建立解决方案
- 用标准化的数据收集过程和统一的可视化体验分析框架，来适应每个品牌的业务优先级
- 用自动化的研究和分析来处理大量的数据，并持续刷新信息以使其保持最新

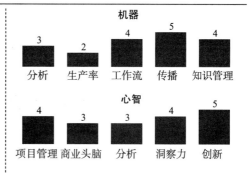

收益

生产率	上市时间	新能力	质量
• 研究过程中 15% 的效率提高得益于自动化数据处理	• 两个月以内的概念验证：完整的解决方案则要两个月以上	• 新的品牌监控管理工具（对于用户来说是新的） • 一种预警信号检测系统	• 使用洞察力精心组织的情景信息 • 多语种覆盖

实施

- 四个月内完成测试与实现相交叉的完整解决方案（每个月 2～3 个品牌）
- 稳定状态下的使用统计和反馈收集机制
- 3 个全球中心 6 个 FTE 的稳定状态调研和用户体验维护团队，并且是多语种的

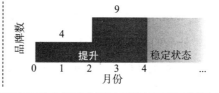

谬误 12

分析是一个理性的过程

分析心理学可能是数据分析中最被低估和不为理解的维度。这通常易于导致本可以获得的投资回报丢失。分析心理学包含多个领域，可以通过 9 种主要的方法来影响任何分析项目的结果：

1. 书呆子 – 反书呆子互动。

2. 数据能力之旅。

3. "非此处创造"综合症。

4. 奖励措施和优先级失调。

5. 对分析和机器的非理性热爱或不信任。

6. "让我们将其委任给开发总监（CDO）"失败。

7. 职能和地区筒仓（geographic silo）。

8. 缺乏共处（colocation）。

9. 短期思维。

每个人都认为数据分析是一个理性的过程。我们把数学看作理性和逻辑主体，但这是一个谬论。其实它包含了强烈的感情。有一些高中生热爱数学，还有一些成绩不好的学生可能终身都讨厌数学。有些学生甚至将他们对数学的憎恨投影到擅长数学的人身上，反过来被讨厌的人也可能因此而讨厌数学。这些喜欢数学和科学的孩子（常被称为书呆子或极客）形成了他们自己的社交圈，并和他们在物理、统计、计算机科学和工程课上遇到的其他志趣相投的孩子建立起自己的交流方法。我自己是一个电气工程师，当然也是所谓"书呆子"群体中的一员，我记得自己学习过这门"书呆子"语言！

想象一下有如此独特的一个人，在概率和随机分析等领域成功获得一个理科硕士甚至一个博士学位之后，成为了一名数据科学家，在一家公司开启了职业生涯，那里新员工都反对书呆子，他们毕业于文科（liberal art）专业后变成了营销专家、销售人员、项目经理、总经理、人力资源经理，远远摆脱了书呆子语言。这样两种拥有着不同思维方式和性格特征并说着不同语言的群体再次在职场交锋，颇有回到高中的感觉。

再从性格的角度来研究一下。你熟悉迈尔斯·布里格斯（Myers Briggs）类型指标（MBTI）性格测试吗？如果没有试过，可以花点时间了解一下。其基础数据集确实很稳健。这是我在职业生涯和个人生活中觉得真正有用的极少数 HR 框架之一，它使我对自身性格的某些方面加深了了解，但是更重要的是它帮我了解其他人以及我需要如何与他们进行交流。MBTI 测试将你放入了由 4 个维度确定的 16 个盒子之一：内向 – 外向（I-E）、直觉 – 感觉（N-S）、思考 – 情感（T-F）、判断 – 理解（J-P）。我是一个 INTJ（内向 / 直觉 / 思考 / 判断）型的人，这种类型的人占总人数的 2% 左右——但是占麦肯斯公司的 30% ～ 40%，这十分有趣！我是一个凭直觉的内向型性格的人，一个思考者，同时也是一个有前瞻性的规划师：这是一个典型的书呆子特征。我的妻子是一位心理治疗师，她属于 ESFP（外向 / 感觉 / 情感 / 理解）型性格，占了总人数的 8.5% 左右。她是一个靠感觉和情感的外向型性格的人，喜欢在白天活动，实际上这是典型的反书呆子特征。我们建立了一个交流协议，并以此为基础很好地度过了 24 年的婚姻。

为什么这对人机共生来说很重要？人都需要理解和被理解，而不是存在于一个只有书呆子和反书呆子的二维世界：人有不同层次的交流需求意识以及自我意识。当人无法找到共同的语言和交流方法时，可能会在包括分析在内的各种过程的处理中发生冲突。现在还没有对这些群体的相对大小做出任何具有精确百分比的研究，但是基于在这个领域 25 年的经验，我斗胆说一下，根据麦肯锡公司的文化发生交流冲突的可能性大约为 25% ～ 50%。如果该公司花更多的时间用迈尔斯·布里格斯这样的框架来训练每位员工，那么很多分析用例的投资回报率可能会更高。

接下来，来看一下数据能力之旅。人们往往将他们的数据看成是宝贵的财产，所以他们想要进行交易而不仅仅是提供数据。通常，这些数据实际上只是第 1 级的数据，甚至连第 2 级的信息都不算。然而，数据拥有者的表现就像他们拥有第 3 级的洞察力，而且他们用这种方式给数据定价。这会导致在分析项目中产生不必要的自我中心，从而带来延误。

即使有供应商，"非此处创造"综合症也是非常常见的。数据科学家认为只有他们才能分析数据，并且只能用他们的方法论——当然，这仍是保密的。某些用例的黑盒特征成为了组织性垄断的一个原因，也是保障工作和高收入的一种力量。审计跟踪或知识管理等可能会对此产生威胁，所以数据科学家拒绝了包括监督（oversight）在内的一些外部过程。

当拥有了数据科学家、IT 专家、供应商或资产和基础设施等共享的中心资源之后，用例优先权的战争便打响了。要克服的最大挑战是奖励措施失调的情况，也就是，"如果是其他人获益，为什么我要投资？"

一家大型欧洲制造企业想要借助外部供应商的帮助来实施一个竞争情报控制面板，其中包括软件的设计和测试。然而，IT 政策不允许使用近来大多数分析供应商关系中最先进的远程访问（例如通过 Citrix 或专线）。只允许通过远程会话进行，这样就必须有一位 IT 人员一对一地监督，那么他对项目或基础用例就没有足够的了解。在 12 月末的假日季节，IT 部门简单地关闭了这类支持，因为无法进行恰当的测试，这可能会带来巨大的项目风险。

对于分析和机器的热情往往伴随着理性或非理性的不信任。数据科学家可以完全相信他们能够通过高级算法和引擎来进行预测。热情可以成事，但是如果过度狂热可能会有危险。例如，当支付了不合理的价格或忽略了别人的反驳时。建设性的不信任在这些情况下是可行的。另一方面，也有一些非理性的不信任者，他们对机器有某种程度的排斥。最好的情况永远都是在中间的平衡状态。

为首席信息官招聘一位开发总监是一种常规的做法，因为高级管理人员想要将分析交给专业人士，就像将财政交给财务总监一样。为什么？答案之一可能是很少有业务部门的主管理解数据或机器。然而，他们低估了商业中人机共生的基本特征和变化特征。当然，开发总监是必不可少的而且带来了很多价值，但是他们应该负责实际用例吗？分析正在改变商业的运作方式。端对端的用例最终需要一线管理人员来管理用例，而不是从企业中移走一级或两级的中心人员职能部门。

组织筒仓对端对端的用例来说是另一个重大的阻碍。商业需要专注，所以不管通过业务部门，还是地理位置都有必要对筒仓进行定义。其实践含义是，如果有跨筒仓分析用例，那么很难存在任何可以进行有效决策的跨筒仓管理过程。按照恰当的组织程序，两个业务部门之间产生的任何问题都需要提交给公司的 CEO。虽然从理论上来说没错，但是就现实而言却非常糟糕。棘手的问题是，成功的分析用例需要涉及多方的很多微观决策。问题受阻不是因为大家不想解决问题，而是因为他们白天没有时间来理解和确定问题。

另外一个人性特点是惰性。即使项目成员可以共处，可他们还是会待在自己的办公室。这些物理距离使他们错过了很多可以进行快速而简单的交流，以解决分析用例设计问题的机会。令数据科学家、用例拥有者、商业分析人员和 IT 人员共处，可以大大加快项目的速度，或者变成成败的关键。

只有当我们迫使商业分析人员、数据科学家、IT 人员在上述竞争智能仪表盘项目开展期间集中在一起工作时，事情才开始有所进展。理由非常简单，上述三类人员对其他群体所面临的挑战都不是特别清楚。一旦问题出现，大家可以聚集在一起解决，事情便会有所改善。他们不会被其他项目干扰，并且可以随意地分享自己的工作结果，同时做出简单的评论，他们通常会开始更加频繁的互动，而不仅仅是在第二天计划好的电话会议中进行交流。协作是任何分析用例成功的关键因素。只不过电子协作平台还没有实现某种程度的便捷化，即仅仅使用虚拟的方法就可以实现交互。

最后的心理方面是短期思维。员工平均每三年会进行一次转岗，不管是作为职业生涯发展的一部分进行内部转职，还是跨公司跳槽。这表示他们对下一次行动后可能会出现的问题的兴趣有限。因此，像用例生命周期管理和知识管理这样的课题通常会出现管理不善的问题。

上文已经讨论了分析心理学的几个方面。我不认为对于所有这些问题都有简单的答案。但是，你现在应该做好准备来找出企业中可能会对人机共生工作的成功产生影响的功能失调行为。

结　　论

世界上有10亿个分析用例，人机共生能够提升它们的投资回报率。许多人都和你一样追求高投资回报率，因此你并不一定要成为数据科学领域的专家来穿过这个迷宫。这12个谬误之最已经为你提供初步的智能问题集，使你能够质疑一些供应商以及内部部门所持有的大众观点。这部分已经介绍了几个贯穿整本书的重要概念，主要观点如下：

- ❑ 大量的分析用例集仍随着新数据来源（物联网、社交媒体）以及商业挑战的到来而迅速增长。其中只有5%是真正的大数据；95%遵循着"小数据也很美"的概念。这打开了通往众多有潜力创造价值的机会大门。

- ❑ 用例应当在合适的时间以恰当的形式为合适的终端用户提供可执行的第3级洞察力（同时包含第1级数据和第2级信息）。这包括解决"最后一英里"问题，获取终端用户的个人需求并以方便用户的方式传递观点。

- ❑ 用例应当以个人为单位，在投资回报率以及4类客户收益的基础上以组合形式进行管理，其中客户收益包括生产率、上市时间、质量以及组织的新能力。

- ❑ 机器非常有用，并且提供人类心智无法提供的功能，协助人类从用例中获取恰当的投资回报率，并将用例转化为增长的投资回报率。然而，对当今大多数用例而言，人工智能虽然有用，但是不是客户收益的主要驱动因素。工作流平台、生产率工具、可视化与传播引擎，以及知识管理工具带来了80%的客户收益。

- ❑ 重用以及知识管理充其量仍在初级阶段。我们仍需要新方法来利用它们的潜能。

☐ 分析心理以及组织限制构成了人机共生用例的成败差异。理解并解决根本
　驱动因素至关重要。我们肯定人机共生的热情，但是不应该用它代替针对
　投资回报率以及客户收益的严谨思考。

让我们将注意力集中于人机共生的重要趋势，使得新模型成为可能。我们该思
考一些智能问题，使得在人机共生上投入的努力具有前瞻性。

第二部分
为人机共生创造重大机会的 13 个趋势

人机共生方式的根本驱动因素正在完全改变用例的构想、设计、实施以及生命周期维持的方式。它们正在人机共生中开启新纪元，开拓实现商业目标的解空间。新技术已经在很大程度上降低了生产和分销成本，以至于现在不及世界 500 强公司那样有大额预算的公司也可以使用尖端分析。我们已经进入了人机共生分析的民主化时期。

如果回忆第一部分的人口统计模型，地球上共有近 120 万家雇佣 50 名员工以上的企业，其中仅有 180 000 家企业有 250 名以上的员工。以前只有前 5 000 家公司才有雇佣内部团队以及购买数据仓库和软件许可证的预算。在人机共生趋势的推动下，现在即使是小公司也可以使用数据分析，并在几年内成长为市场干预者。无论公司规模多大，数据分析对于许多公司的生存来说都是必需品，尤其是在目前更加多变的生存环境之下，客户需求快速变化，甚至能够在 5 年内毁掉一家类似于诺基亚的大公司。

一家小公司如何通过高效且有效的分析来推动自己成长，餐饮外卖创业公司 Deliveroo 就是一个很好的例子。Deliveroo 应用程序和一个外卖员代替了餐厅服务员，不受餐厅提供的座位数量的约束，在多个方面扩大了餐厅的影响范围，由此显著地改变了经济均衡。也难怪这家公司在三年内就拥有了 5000 名外卖员。Deliveroo 公司的数据人员真正地理解了商业，长期对可获取的内部和外部数据进行分析，以提升日常外卖的途径，并且更好地理解终端客户以及餐馆的需求和偏好。Deliveroo 公司通过变得更快、更可靠、更客户友好而赢了这场竞争。这家公司唯一需要的就是移动程序、互联网以及一些商业可用的电脑——更需要一些聪慧而不默守成规以及创新的思维。到 2015 年年底，这家公司估值为 6 亿美元。

　　我并不打算吹嘘新科技如何有效，它们带来了什么机会。我的重点在于帮助你了解导致这种需求的根本驱动因素。决策支持是否有价值不是由数据科学家团队或者所使用的软件确定的，而是由获得分析结果的终端用户和决策者做主。用例方法是基于终端用户的特定商业需求。所有的用例首先应被定义为需要解决的商业问题，而不是数据分析问题。数据分析是由商业问题引发的手段，这一点有时会被公司以及负责数据分析的人员遗忘。

趋势 1

云与移动技术的小行星撞击

大约 6600 万年前，发生了白垩纪–第三纪（Cretaceous–Tertiary）灭绝事件，造成大约 75% 的植物和动物物种（包括大多数恐龙）消失。大家普遍接受的原因是小行星撞击地球，进而对全球环境造成灾难性影响。通过自适应辐射（即生物多样化的不断跳跃），出现了各种各样的新物种，哺乳动物的时代开始了。

类似小行星对地球物种的作用，云计算和移动技术也影响着世界格局。不过新兴的企业只花 15 年就出现了，而不是花费数百万年。尽管很难说云计算和移动技术第一个撞击的地点在哪里——硅谷、波士顿科技带、奥斯汀、北京、日内瓦、牛津、慕尼黑、斯德哥尔摩、新加坡、东京或苏黎世——其实这并不那么重要。云和移动技术的出现是真实的、全球性的，并一直延续至今。

本部分的观点并不是歌颂云计算和移动技术，这世上已经有足够多的赞美了。但是当人工智能（AI）和大数据被过分炒作时，云计算和移动技术的影响却是真实的，它们影响着人机模式在分析中的应用，所以让我们把重点放在利用云计算和移动技术的好处上。正如我们将看到的，"最后一英里"是云计算和移动技术变得必不可少的主要驱动力。

云计算和移动技术正在以真正突破性的速度改变 IT 环境。Forrester 预测，公有云市场在 2020 年的市场份额为 1910 亿美元，每年有 20% ～ 30% 的增长率，会达到 2013 年市场的 6 倍以上 [1]。最重要的是，云应用将占据这个市场的 2/3，而云平台和云服务则持平。

财富管理：为独立财务顾问使用 InsightBee

背景

组织		职能
全球金融服务提供商		独立财务顾问（IFAs）

行业		地理位置
财富管理		全球

商业挑战

- 通过有针对性的财富管理建议，深入洞察 HNWI（高净值人士），并最大限度地提高咨询服务和收入的质量
- 承诺低成本、快速地提供高质量的洞察力，且不需基线的承诺（baseline commitment）

解决方案

InsightBee

在线客户特征请求 / 工作流分配 / 全球分析师团队 / 流程（知识管理、人工智能、自动化） / 在线请求提供

方法

- 创建个性化的高净值人士简介，并在快速的周转时间内为你提供可行的洞察力
- 应用批判性思维将信息转换为独立财务顾问（IFA）的洞察力
- 使用 InsightBee 数字市场促进订购和交付
- 通过在线的"现收现付"简化付款，同样承诺无基线成本

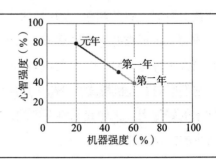

（续）

分析挑战

- 大量的噪声掩盖了与分析相关的信息
- 要求将客户的个人数据和专业数据结合在一起
- 预算少，但是要求随时可得的报表，期限短
- 避免在寻找信息源、汇总信息和处理信息方面重复工作

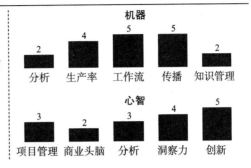

收益

生产率	上市时间	新能力	质量
• 专注于自动化警示和跟进 • 会议的高投资回报率 • 有效利用财务顾问的时间 • 能够按需访问相关洞察力	• 总周转时间缩短	• 单一来源的数据适用于多终端用户 • 关于终端客户的按需可得的洞察力 • 增加交互和业务的机会	• 从可靠来源提取数据的新一代架构 • 增强数据清理和浓缩的技术 • 数据验证检查

实施

- 该解决方案基于 InsightBee 平台技术，无须进一步开发
- 在与独立财务顾问磋商期间创建报表模板
- 管理员和用户可以立即订购报表
- 分析师在收到一份订单后，会要求独立财务顾问在创建报表之前确保它 100% 符合期望
- 用于在客户端收集数据的技术
- 分析师进行数据清理，确保相关性，并为高净值人士增加可操作的洞察力

这些估计不包括所谓的私有云。私有云存在于封闭的公司环境中，所有数据、服务都需要从公司的内部系统和专用硬件中进行存储和交付，例如监管机构或公司政策要求将所有敏感数据都存储在内部。公有云使用客户环境之外的共享基础设施，而混合云则并行使用这两种模式。

你显然已经在个人 B2C 市场上（例如 LinkedIn 和 Facebook），以及 B2B 市场中的 Salesforce.com 和 HubSpot 上使用过云服务。在 B2C 或 B2B 中没有太多涉及云应用、云平台或云服务的领域。由于数据不在合规性部门的控制范围内，尤其是当监管机构在小心提防着或有立法指定位置（例如数据可以存储在哪一块）时，该

部门会非常仔细地审视云模型。

人们为什么要选择云应用而舍弃经典的企业解决方案呢？这里有 9 个原因：

1. 由于灵活的可扩展性和共享资源，节省了成本。

2. 越来越多的移动用户。

3. 与客户和合作伙伴进行更好的互动。

4. 更好地利用数据获得洞察力。

5. 新产品和服务支持。

6. 促进新的商业模型。

7. 全球共享服务支持。

8. 更好的敏捷性和更快的上市时间。

9. 提高员工之间的互动和协调。

HubSpot 是一个说明这些模型到底如何普及和起作用的典型例子。我们与 HubSpot 没有任何关系，仅仅是该产品的一个满意客户，所以这不是推销！

HubSpot 是一个内部营销和销售的云模型的代表示例，通过托管的联系人数量，以其电子邮件地址为唯一标识向客户收取费用，同时允许小公司无须任何重大 IT 投资或额外的 IT 复杂性进行低成本的扩张。营销套件允许入站登录页面和出站广告邮件的设置，同时还能有效地促进广告的运行。从前需要几天锁定内部 IT 资源的任务现在几个小时内就可以完成。

HubSpot 提供与潜在客户有关的所有有趣信息，例如他们的网页浏览习惯，或者在广告邮件中滚动的距离。使用 HubSpot 可以确定，律师事务所或其他专业服务公司的合作伙伴根本不会有向下滚动（scroll down）动作，因为他们仍然使用黑莓手机，或者他们根本没有时间。这有助于我们重新调整内容，以确保可以在前十行显示完所要传达的信息。

不同于更多面向销售的客户关系管理 CRM 平台，HubSpot 之美在于它将客户关系管理功能与营销引擎充分连接。由于它是基于云计算的，允许我们的团队进行无缝协作——全球性虚拟洞察业务的重要财富。当然，Evalueserve 公司的市场营销和销售组织仍然需要辛苦地动脑筋指出必要的流程，但是没有平台能做这个工作。

HubSpot 是由云技术支持的全新功能的一个很好的例子，打包成即插即用的新型商业定价模式，即用即付。它几乎检查了前面列出的 9 项好处。

影响人机共生的第二大趋势是移动技术。2014 年 10 月 7 日，移动设备和装置数量首次超过了居住在这个星球上的人数：71.9 亿台设备，其中 15 亿部是智能手机，这甚至不包括机器与机器的连接 [2]。正如将在下一部分中看到的，物联网将使机器与机器的连接呈爆炸式增长。到 2019 年，智能手机的数量预计将达到 26 亿 [3]。我们已经在 B2C 市场看到了这么多的变化。谁在日常生活中不使用智能手机？

使用移动应用的公司正在寻求 3 大好处：

1. 提高员工的生产率和满意度。

2. 运营效率的提高。

3. 更多的业务以及竞争优势。

然而，在 B2B 或公司的内部应用方面，研究表明仍有很大的改进空间。 在之前引用的 BusinessIntelligence.com 调查中，72% 的高管表示他们无法轻松访问移动设备上的数据；74% 的受访者表示，他们需要访问多个不相关数据源中的数据，并且他们希望看到的信息与实际获得的信息有很大的差距 [4]。

不幸的是，电子邮件和电子表格实际上仍然是供大多数商业领导人所用的。这听起来很熟悉吗？假如你现在正在机场休息室或酒店客房内尝试加入电话会议，就在通话几分钟之前，你收到了来自其中一位会议参与者的电子邮件，其中包含一些巨大的 Excel 附件，而你却无法在移动设备上适当地查看和操作这些表格。

高级领导人需要的是易于理解并且可以很轻松地在移动设备上查看的重点内容。这看起来像是技术的潜在演变和个人消费者市场的渗透已经使 B2B 落后了大约十年。有改善吗？当然！但是思考一下，你的日常生活实际上有多少变化呢？银行家仍然向我抱怨合规性驱动的移动环境不允许他们使用更喜欢的手机。此外，业务信息和相应的分析仍然以古老的方式呈现：大部分未提炼的报表没有突出问题和洞察力，并不是基于推送警示，仍采用老式的可视化。

让 90% 的人机共生的冲击能量耗在最后一英里多浪费啊！人机共生接口在未来将会更加重要，因为只有现代化的方法才能在正确的时间以正确的形式提供正确的洞察力。

云计算和移动技术互相促进。像微软这样的公司在两者结合上已经做出了非常具体的选择。2015 年 5 月，Satya Nadella 和其他微软高管公布了 Office 和 Windows 即将推出的功能，旨在反映公司重点关注“移动第一，云端第一” [5]。他们声称这将在所有设备上提供一致的用户体验。诸如 Office 365 和 Azure 等新产品迎合了部分或全部虚拟组织中移动客户的所有新的基本需求。这样的云应用程序的一个很大的优点是无须大量升级程序就能自动升级。

不幸的是，这样的升级对于一些公司来说还是很遥远的。刚刚遇到一位非常资深的银行客户，他告诉我，银行正考虑最早可能在 2016 年升级到 Office 2013！Office 2013 不是针对云构建的，且用于集成任何云存储或其他功能的用户手册，对于非技术员来说是难以理解的。

云模型的民主化有利于中小型企业，由于它们可以比以前更灵活，以更低的固定成本更快速并且能显著地降低内部的 IT 复杂性。现在来研究云计算和移动技术对知识环（ring of knowledge）——分析价值链的影响。

步骤 1：数据收集。正如第一部分所讨论的，最后一英里的工作主要从以下两个方向进行：洞察力请求以及数据的生成。云计算和移动技术可以用非常优雅的方式促成几个任务。

请求者通过基于 Internet 的界面记录他们的需求，而不是笨拙的电子邮件。当然，数据的定义需要扩大到客户请求，这些请求被归类为第 3 级洞察力，而不仅仅是第 1 级数据或第 2 级信息。数据生成就是人或设备将数据发送到云中，在这里数据会被存储并分析。当然，他们必须选择成为数据生成器，但是作为回报，他们也获得了显著的好处，例如改进的服务。这样的模式在云计算和移动技术之前的时代本来是根本不可能的。

通过互联网访问公开的数据很容易。跨公司边界共享数据也突然变得容易得多。InsightBee 销售智能平台使用大量来自数百个源的外部数据，以及可以非常有效、高效地搜索第 1 级数据和第 2 级信息的智能算法。

步骤 2：数据清理和结构化。现在能非常容易地访问有助于数据清理和结构化的某些基于云的服务。Evalueserve 公司的 InsightBee 平台与外部合作伙伴（例如 Squirro 和 Rage Frameworks）以及内部技术（例如用于专利信息处理的自然语言处理平台 KMX）合作。它们一起筛选大量的结构化和非结构化数据，以便在现场环境中返回一组更易于理解的结构化的第 1 级数据和第 2 级信息。

当然，所有这些信息仍然需要放到真实环境中，并由心智进一步分析进而创建出增值的洞察力，例如合格的销售机会、供应商风险警示或由客户竞争对手领头的相关新专利，但是基于云的机器针对 1 级或 2 级工作以一种无缝的方式支持人来思考，而这并不是一个 27 岁的人整天想做的工作。

步骤 3 和 4：创建洞察力。 虽然这些步骤在很大程度上是关于心智的，但云计算和移动技术仍然可以发挥作用——主要是因为正确的术语应该是心智，而且不仅仅是心智。越来越多的人无法靠自己获得精彩的第 3 级洞察力或第 4 级知识。特别是在强调分析的环境中，需要具有不同技能的分析师和决策者团队来解决给定的问题。记住第一部分的人口分析示例：90% 的分析用例是由高分析强度的公司驱动的，其中大部分用例分布在全球或者全国。

现在看看胰岛素泵用于糖尿病控制的专利环境。专利环境描绘了技术空间，就像地理图，揭示了与特定产品或技术相关的新专利。他们帮助研发部门负责人，确定他们的研究重点应该在哪里以及识别出知识产权风险——没有人想因为错过有竞争力的专利而被起诉赔付几千万美元。

输出是优雅的，但是可以渗透到专利环境的工作可能会非常复杂。在这个例子中，专利分析涉及多个学科：分子生物学、医学与外科学、电气工程、机械工程、软件工程和微型制造技术。多个专利分析师必须共同努力，并且他们不太可能都在一个办公室。为了高效而且有效地协作生成洞察力，云工作流平台是理想的。

步骤 5 和 6：终端用户交付和决策。 最后一英里可能是知识环，其中云计算和移动技术的影响是最大的。正如之前指出的，如果洞察力没有在正确的时间以正确的格式给到决策者，那么已经完成的所有工作都会变得毫无意义。企业经理越来越多地倾向于移动办公，大多数销售人员也一直是移动的，其他职能人员也越来越多地有好几个工作场所，即使他们只在办公室和家里工作。

幸运的是，通过云计算向移动设备提供洞察力本身就很有潜力。本书已经用 Evalueserve 公司展示了这个潜力。现举一个例子来展示这个可能性。前面提到的专利类型可以通过 IPR＋D"Clarity"仪表盘来生成和查看，该仪表盘使用云托管，并与许多移动设备兼容。由于正确标记了基础数据，用户可以点击深入了解感兴趣的区域。每当底层数据的变化引起的情况一更新，所有用户都可以立即访问新的视图。

步骤 7 和 8：创建和分享知识。 这是云计算和移动技术另一个非常强大的领域。可能性包括从移动设备向洞察力添加评论，并能通过一个警示通知来自动查看该评论，从而扩大了第 3 级的洞察力，并增加与传播了第 4 级知识。云计算和移动技术允许我们将相关内容推送给需要的人，而未使用的内容则可能会面临最终的命运：存档。

为了更好地说明这一点，现举一例：一家大型银行的数据安全官员在两年前告诉我，该银行有 10 万个内部网络驱动器，其中数据和文件被动地存储着，估计超过 90% 的数据已经过时，不会再被使用。原始数据可能在几天内过时，信息可能在几周或几个月内过时，洞察力则可能是在一年内过时，知识是在五年内过时。我们真的应该保留所有这些数据并堵塞 Wikis 和 SharePoint 存储库吗？可能并不需要。

反对云技术的常见争论是数据安全性，但是企业内部真的比较安全吗？现比较微软、亚马逊、谷歌和 Salesforce.com 等大型云服务商的数据安全部门的水平。这些部门每天都受到各种各样的攻击，以及那些中小型企业和专业服务机构甚至大规模公司的轰炸。根据专门的数据安全公司负责人的回答，答案相当简单：总是存在着残余风险，但是公司的实践表明，在数据安全方面，企业内部 IT 部门的经验比大型云服务商的经验要少得多。

事实上，绝大多数的数据泄露消息一开始都不会发布，因为没有人有兴趣。想象一下：即使是以高数据安全而自豪的银行也正在丢失数据，并且需要从深层网络的黑市买回来。甚至有一家专门的咨询公司运行着一个贸易部门，代表银行客户回收被盗的客户数据和信用卡记录。在瑞士的一个案子中，一名前雇员能够焚烧掉存储成千上万德国客户信息的 CD，随后将这些信息出售给德国的税务机关。

内部 IT 人员会公开承认他们是易受攻击的吗？当然，他们说："总会有残余风险，但是我们仍然只会将数据保留在内部。"为什么？因为为合规性！

尽管一些工业公司可以转型，但是像通用电气公司所表明的，受到扼制性监管的大型银行真的应该担心一个敏捷的新竞争对手：FinTech（金融技术）。也应该关注像第一部分提到的钢铁制造公司这样的缓慢发展的工业集团。

这里有一个可用的小型测试：若公司的 IT 部门认为，当不允许基于云计算的流程时，与外部方面的协作变得尤为困难，那么对该公司来说，某些事情从根本上就是错误的。

云和移动技术对知识环有非常深刻和积极的影响，这远远超出了节约成本的意义。竞争已经民主化，权力平衡已经从大型而缓慢发展的企业转移到动态的中小型企业，这在经济史上是第一次。

趋势 2

物联网的两面性

物联网带来了巨大的机遇，但是也需要避免一些危机。如趋势 1 所述，我们甚至都不需要详细地概述物联网，只需重点关注它如何影响人机共生分析则可。

首先，物联网是什么？宇宙中的相互联系是一个很好的比喻。爱因斯坦的广义相对论表明，重力将空间和时间扭曲在一起，从而使其结合。每个恒星都通过重力与其他恒星相连。恒星之间的距离决定了黏合力的强度，但是即使距离非常远，恒星也仍然会相互吸引并影响其他恒星在空间中的轨道。这是一个巨型双边关系网。星系和恒星往往聚集在一起，建立一种松散的层次结构。物联网也是类似。用互联网替代重力，用数十亿个连接或可连接设备来代替恒星，再用网络节点代替星系团、星系中心，以及太阳系中心的太阳。

在恒星之间交换的光可以类比为直接在互连设备之间流动的数据流。例如，一台智能冰箱在英国在线超市 Ocado 上订购商品，随后无人机将其运输给机器人管家，然后放在冰箱里。这种生活对用户来说并不遥远！

现在来看看负面影响。恒星在巨大的超新星中爆炸，向宇宙发出物质的冲击波，留下了吞噬周围所有事物的黑洞。我们也会处理难以捉摸的暗物质和暗能量。目前的宇宙学模型估计，我们看不到宇宙中 95% 的物质或能量——我们只知道它们一定存在，因为能够测量到它们的引力。

物联网在这一点上也很相似。只要将爆炸和相应的冲击波替换成已成灾难的风险，并将暗物质替换成互联网的隐形部分，也就是暗网，形形色色的罪犯都在那里隐秘地生活。部署物联网的人需要了解一颗虚拟超新星爆炸时会发生什么。

简而言之，物联网的定义就是：**包含嵌入式技术的设备网络，用于与其他设备**

进行通信、感知和互动。

　　总之，物联网是日常物品相互交流以及与人交流的一种方式，例如冰箱提醒手机牛奶没了。已经有很多有用的物联网实例。"物联网分析：使用传感器数据的基准测试机"详细介绍了我们公司和一家全球设备制造商合作的概念证明，其中我们利用分析方法从嵌入制造商机器的传感器数据中提取出用例。

　　现来把这件事讲清楚：无论媒体和营销人员如何声称，物联网和大数据都是不一样的。作为澄清，大家想一下：一家欧洲工程公司为欧洲铁路运营商设计并实施了一个物联网用例。使用柴油的机动车利用低宽带通道定期发送一个代表油箱内柴油液位的数字。即便几百辆列车都使用这个网络，都不会有超过 10 千字节每小时的数据。这是一个非常典型的小数据物联网，分析过程简单但是投资回报率很高，因为列车所有者可以收集信息，将其用于和租用列车的运营商谈判。这些数据有助于所有者了解火车闲置或出故障的频率。

　　在设备之间流通的大部分数据都是简单的传感器读数，例如位置、温度、液体的液面、表明一些物体出现或缺失的迹象、机械因素（例如力、速度、加速度、张力、振动和压力），以及电气因素（例如电流、电压、磁场以及光）。理解这样简单的数据仍然需要大量的处理，仅是收集数据并没有用。

　　高级数据已经在设备内部进行了本地预处理。例如，电表可以发送仪表读数、一些机器的运作状况，或者一些软件分析得出的简单诊断。非中心处理过程利用原始数据的优点将其压缩成有用结论，供其他机器使用。但是缺点在于本地电子产品变贵了。例如，轮胎中的传感器非常笨重，因为它的成本不能太高，并且轮胎内的物理作用力对普通的电子设备来说过于苛刻，但是智能电表可能已经具有大量的本地处理功能。

物联网分析：使用传感器数据的基准测试机

背景

组织
全球设备制造商

职能
技术服务

行业
制造业

地理位置
欧洲总部

商业挑战

- 使用传感器数据将大型已安装机器分组
- 使用调查结果改善机器的正常运行时间

解决方案

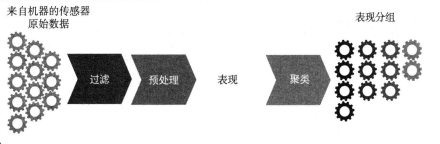

方法

- 将数据科学家、产品工程师和软件专家集中在一个团队中
- 使用数据字典和技术专业知识来了解及处理原始数据
- 加入数据源以创建主数据集
- 统一和过滤主数据以标准化格式
- 计算关键绩效指标（KPI）并预处理数据供以后分析
- 基于表现把机器分组和定义分组

（续）

分析挑战

- 处理和了解大量传感器数据，包含机器运行的各个角度的细节
- 读取大小为 100 GB 左右的原始数据，并将其转换为相关的机器 KPI
- 应用最先进的算法来识别性能细节

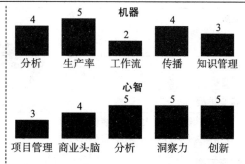

收益

生产率	上市时间	新能力	质量
• 实现多种聚集场景的高效分析和测试 • 为将来的运营实现自动化	• 从初始数据到洞察力交付只有一个月 • 快速失败方法：更快速地学习和更快地迭代	• 持续监控可以在所安装的场景中实现快速的趋势和风险识别 • 为销售团队生成数据驱动的线索	• 最终模型准确可行 • 可用审计线索

实施

- 项目组：两名数据科学家、两名数据工程师和 1 名项目经理
- 研讨会：项目和客户团队在选择用例之前花两天时间对业务问题的可行性、易于实施性以及潜在的价值和成本进行分析
- 数据准备：项目团队花两周时间收集数据来支持所选用例
- 分析建模：预处理和聚类在一周内快速实施

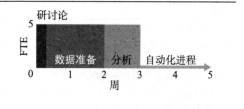

如果你想得到关于物联网的实践经验，就去买一个乐高机器人，并编写一些简单的用例，例如让乐高机器人沿着客厅的地毯线移动。你很快就可以了解传感器和执行器的编程。乐高机器人可以在一周内教会你物联网的基础知识。

预测的设备数量是惊人的。全球移动通信协会（GSMA）估计在 2020 年将有 240 亿个连接设备，其中一半都是移动设备 [6]。思科是全球最大的网络提供商，该公司估计在 2020 年连接设备的数量将达到 500 亿，这意味着每个人将拥有 6 个以

上的连接设备[7]。如果进一步深入了解，经济合作与发展组织（OECD）国家的人口总数约占全球人口的 15% ～ 18%，大部分的连接设备将会在中期进入经济合作与发展组织国家，每个居民的平均连接设备数量将达到 30 ～ 40。想象一下你的家：冰箱和冰柜、手机、平板电脑、笔记本电脑、音乐和娱乐系统、空调、车库、汽车、车库门、灯、百叶窗、邮箱、安全系统、宠物喂食器和无人机等诸如此类的设备。任何完全联网的家庭随随便便都有 100 多个传感器和连接设备。人们需要这些东西吗？这可能更像一个哲学问题！但这就是我们的世界。

物联网的应用领域是什么？正如营销人员滥用"智能"这个词一样——因为许多设备实际上不会学习或者只能做基本的数据清理——但是在以下 4 个领域能体现出物联网的潜力。

1. **智能生活**：使人们的生活更简单安全，包括家庭服务、个人保健、食品和非食品零售、银行、保险，以及私人和公共服务。

2. **智能交通**：使运输更快、更享受、更可靠，包括联网的汽车、城市及多城市交通管理、支付解决方案、配送和物流，以及卡车、汽车、火车、飞机、无人机等车队管理。

3. **智能城市**：连接居民以保障安全，实行电网管理和智能计量来提供高效公共服务，改善设施管理和废弃物管理以清洁城市，由此更有效地管理城市基础建设。

4. **智能工厂和供应链**：通过改进制造和供应链流程来降低产品成本，提高运行时间和质量。其中包括预防性维护、更好的流程控制和合规性、通过决策支持来做更好的规划、更快的制造设备上市时间，以及更好地整合整个供应链和市场需求。工业 4.0 的承诺在很大程度上取决于物联网。

大体上，物联网仍然处于起步阶段，但是有一些公司正在发展为该领域的领导者，包括通用电气、谷歌和思科，这些公司试图以自己为中心创建完整的生态系统，包括技术平台和服务公司。在实现物联网的所有承诺之前，有几个基本问题需要解决。

标准：物联网的互用性仍然是一个没有被解决并且让人不安的问题。至少它正在拖慢物联网发展的速度。这 500 亿个设备应该使用什么语言互相交流？不同于欣赏文化丰富性的人类，机器不喜欢方言和不同的语言，除非他们学会了这些方言和语言（即编程到机器中）。

物联网和机对机（M2M）通信的标准化格局仍然是分散的并且存在于特定领域内。由于标准化影响了许多要求和现行规定都不同的行业，因此其本质是复杂的。但是竞争已经开始，供应商社区设立的各个领域和联盟的非营利标准化机构正在努力解决这个问题。接下来我们看几个关于标准化机构的例子，而它们的努力本身就是一个大型数据项目。2014 年，Google Nest 公司为家庭供暖提供了智能温度计，并与三星、ARM 控股等公司一起宣布推出了链式标准。链式标准使得家用设备可以更好地连接。各项开放资源标准化工作，例如开放式互联联盟正在进行中。由英特尔、思科、通用电气、美国电话电报公司（AT & T）和 IBM 构成的工业互联网联盟正在努力规范制造业和工业应用的物联网。

然而，标准化还不够。就像通信行业在全球认证论坛上所取得的成就一样，我们还需要一个能够执行所有新标准的认证和测试生态系统。未来一段时间，很多人都会围绕这个话题忙起来。领先的工业企业将通过为特定领域的利益设定事实标准，来继续推动其在各行各业的影响力和业务。长远来看，这些东西都会奏效吗？当然。会出现重复过多、缺乏互联性、客户选择减少，由此导致成本变高的情况吗？在中期，当然会有。

隐私：数据隐私是目前物联网的另一个复杂问题，这个问题非常关键，它仍未被解决，并且正在恶化。什么信息需要被保护？为什么？需要保护多久？谁来保护？在哪里保护？即便是那些看似可靠的基本协议现在也被质疑了。例如，在 2015 年，欧洲法院（European Court of Justice）宣布自 2000 年以来开始生效的安全港决议（Safe Harbour Decision）无效，这导致欧盟居民的个人数据很有可能被传送到美国。这个决定同时还中止了与美国签订的其他协议，其中甚至包括不属于欧盟的瑞士等国家。在欧洲，有关美国"爱国者法案"的法律问题很多，这个法案使美国当局不仅可以访问美国存储的所有数据，还可以访问总部设在美国的所有公司服务器上的数据。将欧洲的任何个人数据存储在可能位于欧盟以外的公司服务器上，这种行为的合法性受到了质疑。

除了国家之间政策的根本性差异之外，还有一些基本的技术和信息相关问题，以保证机器之间数据传递的隐私。机器 B 如何知道机器 A 发送的数据是否被个人和服务供应商之间的特定隐私协议所约束？想象一下你有糖尿病并使用胰岛素泵，你不介意用胰岛素泵来测量你的血糖水平，因为这样才能治疗糖尿病。但是你是否也不介意所有的健康保险公司都以各种方式得到这个数据呢？由于这可能会影响你的健康保险费，所以你会介意。

隐私是一个问题，因为完全不同的利益和强大的议程都在发挥作用，而不是简单的技术问题。你需要明白，你正在做的任何物联网项目都必须得到细致的法律保护，因为如果同时发生了好几百万次违法行为（即便几年后仍被法院认定为违法的行为），那么会迅速且大量积累法律责任——当机器每天重复任务时，这种情况很有可能发生。

知识产权（IPR）：这个话题完全被炒作、标准、隐私和安全问题所掩盖。如果参与者想要获得所有权的相应回报，物联网将需要一个非常明确和易于实施的经济模型，用于持有、定价、销售和使用各种第 1 ～ 4 级的数据、信息、洞察力及知识。

这是一个非常简单的问题：为什么你免费向 Google、Facebook 和 Linkedln 等商业公司提供个人资料？因为它们提供了一种你认为有用的服务。但是想想你家屋顶上那个将未使用的电能泵入电网的光伏电池，你能免费为别人提供这种能量吗？将个人数据"泵入"Facebook 或将搜索历史"泵入"Google 又有什么不同呢？为什么这些公司就能获得所有的经济利益？

许多分析产品以先前增强的组装线为基础。你可能同意将个人资料提供给一些商业机构，但是你希望得到公平的利润份额。目前的模式只能应付一些没人能理解或读懂的词汇或情况。没有低成本的支付机制（例如微型支付引擎）能够使这种价值流回归于数据源。

第三部分将提出一个统一的知识产权框架。在这个阶段你应该知道你或你的公司都可能创造了有价值的数据，那么为什么不收费？另一方面，创建数据链、信息以及洞察力是有很大法律风险的。这些产品可能变得相当复杂，并且基于各种来源和中间值添加。如何证明自己被允许使用数据，并且得到了使用这些数据的许可呢？你可能与所有供应商签订合同，但是当他们不具有适当许可协议时，会发生什么？

安全：需要注意的是，物联网中的每个连接对于未经授权访问来说都是一个潜在机会，特别是当数据流会经过开放互联网时。"为了确保智能计量系统应对已知和未知的攻击，必须采取多方面的深度防御"，这样的声明听起来很棒，但是有多少公司真正在物联网的各个方面采取措施了呢？[8]

　　与家庭安全相比，物联网安全更可靠。你可以用许多昂贵的器械来保护房子，以更好地阻止盗贼，但是，如果这个房子里面的东西看起来价值连城，那么他们仍会一试。防止盗窃的最好方法就是别在房子里放贵重东西，这样盗贼就不会冒风险去偷窃。作为决策者，你需要了解在有违规情况的假设之下，每种用例的最坏情况。

　　责任和问责制：我们的责任是什么？谁负责什么？这些是部署物联网解决方案的公司及其保险公司必须问的两个问题。假设你处于预防性维护领域，并保证机器正常运行时间，随后你的传感器或计算程序忽略了一个问题，由于机器故障，必须停止整个制造过程。由此造成了间接损害。如果只是一个传感器出问题，就只有一台机器故障。如果计算程序失败，数百台机器可能同时受影响，造成的损害很容易叠加至上千万美元。保险业必须开发全新的模式来处理这种分布式和嵌套的相关法律责任。

　　审计跟踪：监控失败本身就是一种风险。物联网解决方案需要大量的审计跟踪，不仅仅是为了保证用例结果，也是为了计算程序的使用。谁在某个时候对软件或硬件做了什么？哪些商业机构通过哪种方式参与？现场的审计程序是什么？如果你是数据提供者，下游的数据如何使用？被谁使用？目前没有足够的基础设施来监测发生了什么，但是问责和监管机构今后一定会更加重视这些主题。

　　趋势 1 讨论的大多数效果都适用于物联网，因为它主要建立在云端和移动设备上，但是物联网有 3 个特定的新维度：用例爆炸、数据爆炸以及心智的作用。

　　用例爆炸：500 亿个连接设备将为数百万新的分析用例开辟机会。一家全球卡车制造商最近告诉我，在 2015 ～ 2017 年，该公司预计预防性维护的主要用例数量将从 50 个增加到 500 个。一家食品包装制造商告诉我，他们由物联网驱动的分析用例数量已经很难管理，并且只会增加。当然，这意味着数以千计的次级用例与这些主要用例相关联。这将对资源造成压力，并需要知识管理的全新方式，以及对现有分析用例的重新利用。第三部分会进一步讨论。

　　数据爆炸：流式传感器数据会大大增加数据量。如果几百个传感器每隔几百毫秒就发送温度或压力数据，或者摄像机按照同样的频率发送视频信息，即使对于相对简单的系统而言，数据也可以随随便便就达到每小时千兆字节。流式数据为数据分析及其用例增加了新的特质，因为人类不会参与数据流级别的数据分析。

不仅仅主要数据会提出挑战，很多额外数据或元数据也要处理。元数据是提供其他数据（例如审计跟踪）的信息的数据。我们应该如何理解元数据，并如何把它们从第 1 级数据转换为第 2 级信息或第 3 级洞察力？处理这样的数据需要能灵活处理和分析流数据的工具，并触发（set in motion）特定事件的行为序列。Caberra 是一个认知连接器，它就是这种灵活工具的一个范例。它使用户能够连接设备和数据源，检测相关事件，并触发操作。随着数据和分析用例的激增，投资组合管理将变得至关重要。

心智的作用：人类的处理速度太慢，无法参与数据流的处理。我们必须专注于分析用例的发展及其治理，还有所有生成的第 3 级洞察力的使用。用例工程可能会成为一个新功能，人类致力于开发物联网的应用机会，创建原型，精调有用的原型，并舍弃那些无效果的原型，随后创建半自动的产品，并由机器辅助人进行监督。

知识环将在物联网时代发挥重要作用。只有极少数的人能够在单个（人类）大脑中处理这种极其复杂的事物。能够控制这一切的知识管理水平还不存在。

趋势 3

一对一营销

Don Peppers 和 Martha Rogers 在 1994 年两人合著的书《一对一未来》《One-to-One Future》中提出了一对一营销的概念，作为客户关系管理方法。一对一营销通过与客户进行个性化互动，产生更好的客户忠实度和更高的投资回报率。亚马逊、阿里巴巴、扎兰多（Zalando）等零售商，以及 Ocado 等食品零售商自成立以来就一直在应用个性化营销的原则。精炼的形式不仅是客户群体所需，更是每个个体客户想要的。

这些实体存储了与你互动的所有数据，将它们与其他类型的信息结合，然后为你设计个性化的产品。这些个性化服务的促成品被亚马逊和其他类似网站发送至个人收件箱，持续多年。

但是一对一营销正在演变。更先进的方法已嵌入了移动设备、触发器、社交媒体和销售点数据中，以使体验更加直接。例如，如果你允许电子商务应用程序使用你的设备位置，便可以收到基于所在位置的特定服务。由于你的位置与营销人员的关注相关，因此事件被触发。Uber 和 Kabbee 等公司的实践表明，基于位置的服务正在兴起。

虽然电子商务多年来一直在开展一对一的营销工作，但是当涉及可实现的定制分析以及服务水平时，分析和决策支持仍处于起步阶段。这对于任何经理来说都是一种挫折。定制的人机共生服务似乎没有进入 B2B 或公司内部。

整个行业都可以围绕各种各样的主题开展联合市场研究或分析报告。根据定义，联合报表不能被定制为一个整体的某个部分。相反，它解决了一般客户的问题，因此可以满足 40%～70% 的客户需求。为了从同行业中获得剩余的

30%～60% 的需求，企业必须以非常昂贵的价格雇佣分析师。企业内部也有着类似的机制。除非你是一名高管，能够对报表的样式有直接发言权，否则你只能接受提供给你的服务。

过去 20 年，分析和报表服务水平并没有很大程度的提高。

- ❑ **定制**：为一个细分部分定制的可能性很小或者为零。
- ❑ **触发器和警报**：多提供拉式或定期报表，而不是响应性报表。许多客户告诉我，他们每月或每季度都会收到报表，但是有趣的事情却发生在这些计划报表日期之间的随机时间段。例如，月度报表可能没有将利用率下降 3 至 4 周。
- ❑ **那又怎样**：缺失定义清晰的用例，导致缺乏"那又怎样"的洞察。
- ❑ **上市时间**：内部和外部分析需要漫长的过程。
- ❑ **格式、可视化和交付**：对正确的格式缺乏了解。

如前所述，报表通常作为电子邮件的附件发送，并且在移动设备上难以阅读。大多数报表仍然是静态的，不允许收件人展开。

虽然人们需要一对一的分析以做出决策，但是他们愿意为此付出代价吗？通用且有洞察力的报表仍有市场，但是却在许多领域停滞不前或者市场收缩。垄断或寡头数据资产还有另一个市场，但是若没有进一步的分析工作，就不能提供第 3 层次的洞察力。公司通常会订购高德纳（Gartner）、福里斯特（Forrester）、格理集团（Gerson Lehrman Group）、艾美仕市场研究公司（IMS Health）、彭博社（Bloomberg）或路透社（Thomson Reuters）等公司的概括性内容。然而，由于成本高昂，众多公司正越来越多地审视这些订阅内容。

在每年 600 万小时的定制研究和分析中，人们意识到只有最终产品在内容、可视化、时间和交付途径方面满足至少 95% 的需求，客户才愿意付款。在"联合之山"与"定制之山"之间，有"无趣之谷"，这里的客户不愿意为不能全然满足他们需要的东西付钱（如图 2.1）。在某种程度上，这是一个二元市场，公司在任一服务中都需要有专长。

多数领域要实现这点，交易成本太高。创建一个简单的竞争对手画像都需要多次电话和邮件了解。只有当未来这种档案的反复流动成为最终目标时，这样的努力才可行。

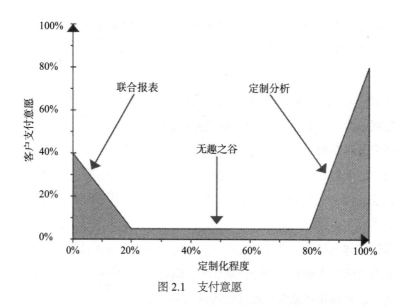

图 2.1　支付意愿

　　一定存在比较简单、交易成本更低的方法来实现这一点，尤其在不久的将来我们会遇到数百万个其他的主要用例。第三部分会讨论这样的平台方法，现在来看一些难题。

　　基于云的 InsightBee 市场智能解决方案可让客户订购公司、行政以及行业的档案，并在几秒内提交研究问题。可用的选项能在几秒内达到 95% 以上的定制，并且还可以选择添加一些文本，以便分析人员将最终产品做好，满足 100% 的客户需求。InsightBee 销售和采购智能解决方案的更高级版本还将定义触发器向你发送定制的警报。多亏有了最佳实践模板，每次重新开发多种选项时，不用进行冗长的辩论。这是对模板进行知识管理以及重新利用的一个很好的范例。

　　SurveyMonkey 是另一个很好的例子，说明老式的市场研究行业已经被一个用例撼动，设计优美的云平台提供了这个用例，大大降低了交互成本。如果你能接触被调查的人员，那么就没必要雇佣一个昂贵的代理机构，它可能无法让你访问基本的访谈数据。此外，通过提供超过 15 种类型的调查模板，客户可以一直访问最佳可用模板。

Insight Bee：通过现收现付的市场智能

背景

组织
各种大小的公司

职能
营销与销售、战略、研发、
管理咨询团队等

行业
垂直型 B2B 企业、专业服务、金融服务等

地理位置
全球

商业挑战

- 提升终端用户能力，以更好的交易方式在客户和市场上获得更高的智能
- 能够根据量身定做的洞察力来管理高峰和低谷，而无须投入大量基础设施建设成本

解决方案

InsightBee

在线市场智能需求　　工作流分配　　全球分析师团队　　流程（知识管理、人工智能、自动化）　　在线交付市场智能报表

方法

- 使用债权人借记卡或通过企业计划的终身有效信用卡完成及时支付而非发票支付
- 根据公司、高管、部门或业务问题定制报表
- 通过全球工作流工具预测价格、估计到达时间
- 通过易于使用的在线平台交付报表

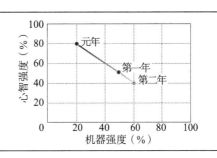

（续）

分析挑战

- 尽可能轻松地获得量身定做的市场智能
- 以可比解决方案的一半价格和两倍速度交付高质量的定制报表
- 建立跨越全球交付中心的工作流，给予无缝体验
- 在短时间内，利用母公司的各种行业经验

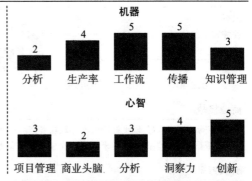

机器

分析	生产率	工作流	传播	知识管理
2	4	5	5	3

心智

项目管理	商业头脑	分析	洞察力	创新
3	2	3	4	5

收益

生产率	上市时间	新能力	质量
• 比目前的方法提高100% 的生产率 • 基于云的界面 • 自动化和人工智能提高研究效率	• 比其他可比方法快50% • 更快的范围描述归功于基于网络的、支持移动设备的订购界面和即时聊天	• 现收现付商业模型，无须对基础设施进行前期投资 • 最后一英里能力 • 高度重用现有知识	• 专业化团队和流程可以提供更好的洞察力 • 大幅提升用户体验 • 平均反馈评分为 4.6分（满分为 5 分）

实施

- 对最小可行产品（MVP）的概念：6 个月
- 初始成本：约 70 万美元
- 遵循敏捷开发方法，具有 3 周的冲刺计划
- 第一年（2015 年）每月要求增长 30%
- 第一年团队成长速度为 15FTE 到 70FTE
- 参考客户包括 Shell、NetApp、JLL 和 SKF
- 现收现付模型灵活性高，因为客户只须支付他们订购的报表

　　关键是要以低成本获取终端用户的需求。以这种精心准备的方式覆盖 95% 的用例将大大降低系统的成本，并将提高客户的幸福感。

　　然而，这一切都回到了一再重复的一个基本点：分析用例需要事先考虑。不能指望创建一个数据湖，在总部购买一些非常昂贵的工具，并向所有人提供 Tableau 和 Qlikview 许可证，然后就认为奇迹即将发生。现代分析平台的成功关键将是一对一营销的用户体验，而不是最聪明的大数据工具。

趋势 4

知识环的监管泛滥

在 2008 年金融危机、WorldCom 和 Enron 的早期丑闻以及 2012 年操控伦敦银行同业拆借利率（LIBOR）的丑闻爆发之后，潜在有破坏性的监管规则便充斥着各行各业。治理全面崩塌，监管机构试图避免这种情况的复发。尽管缩减预算，控制成本，但是公司的风险以及合规职能仍经历了前所未有的提升。监管机构可能就附加规定的基本目标达成一致，但是在全球各地却采取截然不同的做法，导致情况复杂。这样的监管泛滥为人机共生创造了重大机遇，但是也增大了困难，提高了成本。

为了说明简单的分析用例在这种环境中能变得多么复杂，现来看看财务基准规则。在 2012 年以前，一些银行为了自己的利益而操纵了 LIBOR。根据一项针对全球 18 家银行的简单调查，LIBOR 的算法极为简单无序，因此这种情况很有可能发生。不过没有实际操作来检查调查结果是否符合样本银行的实际市场交易，因此银行的答案有可能被人操控。

随便一个有头脑的四年级学生都能做 LIBOR 的算法分析，也就是 18 个数字的加减乘除。这再一次很好地证明了数据分析是用例中最小的一部分，真正重要的是其他附加的东西。

丑闻爆发时，独立审查开始了，英国金融行为管理局（FCA）推行了彻底的改革。随后，其他的监管机构以不同方式确定了该主题。例如，欧盟委员会提出了一项欧盟范围内的金融基准监管规定，其细节仍在商榷中。这说明，即便大家一致同意这些目标，反应仍可能互不相同。

然而，全球性银行自然是在全球范围内运作。那么，这些银行是如何在这个迷宫里运转的呢？工作中有 3 种基本强制。第一，人们对同一个问题有截然不同的回答。将每个人的利益一致化极为复杂且耗时，尤其当涉及多个国家和监管机构的时候。第二，变化不是独立的，在最坏的情况下，有些变化甚至是相互矛盾的。第三，有些方面的细节规定模糊不清，有待阐释。

本部分的重点并不在于详细描述所有的监管变化，这样既没意思，也不太现实，但是可以对监管工作进行分类，并描述其对人机共生的影响（见图 2.2）。

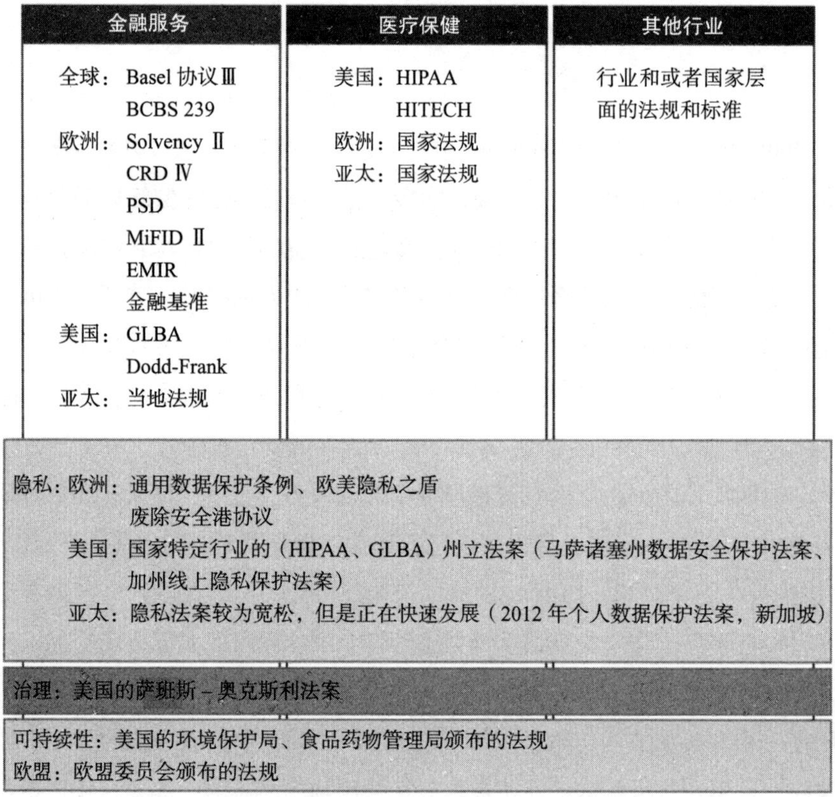

金融服务	医疗保健	其他行业
全球：Basel 协议Ⅲ 　　　BCBS 239 **欧洲**：Solvency Ⅱ 　　　CRD Ⅳ 　　　PSD 　　　MiFID Ⅱ 　　　EMIR 　　　金融基准 **美国**：GLBA 　　　Dodd-Frank **亚太**：当地法规	**美国**：HIPAA 　　　HITECH **欧洲**：国家法规 **亚太**：国家法规	行业和或者国家层面的法规和标准

隐私：欧洲：通用数据保护条例、欧美隐私之盾
　　　　　　废除安全港协议
　　美国：国家特定行业的（HIPAA、GLBA）州立法案（马萨诸塞州数据安全保护法案、
　　　　　　加州线上隐私保护法案）
　　亚太：隐私法案较为宽松，但是正在快速发展（2012 年个人数据保护法案，新加坡）

治理：美国的萨班斯 – 奥克斯利法案

可持续性：美国的环境保护局、食品药物管理局颁布的法规
欧盟：欧盟委员会颁布的法规

图 2.2　监管地图

虽然许多行业、职能领域和地理位置的监管都在变得越来越严格，但是肯定存在一些违规高发点，其中的一些活动具有全球影响力，并在全球范围内产生了数千个新的主要用例。其中，有两个行业脱颖而出：金融服务和医疗保健。但是，4 个职能领域的监管正在影响全球的公司：隐私、治理、歧视和可持续性。没有人能手工操作这些分析，这便增加了对人机共生的需求。现仅仅从人机共生的角度来简略

看看每一个领域，而不是从基本的监管问题和讨论出发。

对于谁能产生更多的管理监督，金融服务领域的监管显然遥遥领先。图 2.2 显示了最重要的领域，包括资本充足率、支付金额、金融基准、风险和合规性以及银行、资产管理和保险的各种金融工具。其中每一个工具都有巨大的报表需求，由于数据集数目大且变化迅速，报表需求同时又产生了大量的分析需求。有趣的是，监管机构在 2015 年要求金融服务企业雇佣额外的风险分析师，这在人力市场枯竭的情况下难度很大。截止期限逐渐逼近，处罚金额高，管理人员别无选择，只能遵守所有规定，而考虑到薪水问题，他们甚至高价雇佣相关经验甚少的 FTE。一家瑞士资产管理公司的 COO 告诉我，他要给一个具备两年商务工作经验的风险与合规部经理支付 20 万瑞士法郎的基本工资（根据 2016 年 3 月的汇率大约为 208 000 美元）。经济学家用术语**弹性的市场**（inelastic market）来形容这种效果。这些监管变化正在将分析用例推向危机、合规性以及欺诈境况，而行业工具和服务供应商都在这个市场中逐渐壮大。

与金融服务相比，医疗保健方面涉及人机共生的法规非常稳定，除了如何将其应用于新主题。例如，智能手表将个人健康信息（PHI）发送至公司运营的应用程序，这符合 1996 年健康保险流通与责任法案（HIPAA）的规定吗？

另一个方面是促进分析的功能主题。治理和合规性的新规定，例如 MiFID Ⅱ（欧盟金融工具市场法规）、BCBS 239（239 号巴塞尔银行监管委员会风险汇总和报告法规）或 2002 年萨班斯 – 奥克斯利法案（SOX），这些规定促进了新的监督和合规性水平。MiFID Ⅱ 和 BCBS 239 专注于银行业务，而 SOX 对于在美国上市的所有公司来说都适用。这些规定创造了大量的分析用例。

新的报表需求的另一个功能领域是可持续性。公司现在需要跟踪和报告它们的活动，美国环境保护署、美国食品药物管理局和欧盟委员会等机构则继续制定各自的规定。

所有上述领域都需要沿着知识环的大量活动，将其拉伸到突破点。尤其那些要求企业汇总其风险的法规，强制要求它们去收集、分析和报告企业的数据。此外，对于审计跟踪以及发现异常模式、错误或疑为不正当的行为，存在着较大的需求。所有的人都试图掩盖自己，这使得 21 世纪可能成为"报表和审计跟踪的世纪"。一项粗略估计表明，在全球范围内有 5000～10 000 名风险和合规性专业人士的需求。

欧盟与隐私规则："通用数据保护条例"和"欧美隐私之盾"

许多原本渴望被雇佣的求职者如今意识到，对个人隐私和个人身份的恶性和隐蔽攻击已经成为一个重大威胁，因为所有的个人数据都将保留在原处。我们不能完全控制所分享的东西——当然，我们可以分享参加疯狂派对的照片，这也是我们的责任，但是同时我们也成为别人帖子中分享的内容。

15 年来，极为自由的、默认设置的大量社交媒体与一大群爱晒帖的人共同创造了地球上有史以来最大数量的公共个人数据，而监管机构现在才意识到这个问题的重要性。相关新规则折磨着数据科学家，但是更好地保护了消费者的隐私问题，并明确了谁理应拥有、处理或者出售个人信息。

2018 年开始生效的通用数据保护条例（GDPR）使欧盟委员会在这个领域成为先行者 [9]。它将对知识环产生重要影响，因此我们应该更具体地了解它。以下是一些主要摘录 [10]：

> 技术变革和全球化的快速发展完全改变了不断激增的收集、度量、利用以及转换个人数据的方式。通过社交媒体共享信息以及远程存储大量数据的新方法已成为欧洲 2.5 亿互联网用户生活的重要部分。同时，个人数据已成为许多企业的资产。收集、整理和分析潜在客户的数据往往是企业经济活动的重要组成部分。在这个新的数字环境中，个人有权对自己的信息进行有效的控制。"欧盟基本权利宪章"第 8 条以及"欧盟运作条约（TFEU）"第 16（1）条规定，在欧洲，数据保护是一项基本权利，因此需要得到保护。信任的缺失导致消费者在网上购物和接受新型服务时犹豫再三。因此，高水平的数据保护对提高在线服务信用程度以及充分利用数字经济的潜能极为重要，能促进经济增长并提高欧盟各行业的竞争力。

> 欧盟的法规现代化且连贯统一，使数据在成员国之间自由流动。企业需要明确统一的规则来提供法律确定性以及最小化行政负担。如果单一市场要发挥作用，刺激经济增长，创造新的就业机会，并促进创新，那么上述规则将至关重要。欧盟数据保护条例的现代化加强了其内部市场维度，确保了个人数据的高度保护，并促进了法律确定性、明确性和

一致性。因此，这一条例对欧盟委员会的"斯德哥尔摩行动计划""欧盟数字化议程"，甚至对 2020 年欧盟增长战略都起着核心作用。

通用数据保护条例的威力

让个人控制自己的数据：用户往往不知道自己的数据正在被收集。"尽管许多欧洲人认为个人资料披露正在成为现代生活的一部分，但是 72% 的欧洲互联网用户仍然担心他们的个人在线资料被索取过多，他们觉得不能控制自己的数据。没有人告知他们个人信息发生了什么、被传播给谁以及出于什么目的。他们通常不知道如何在网上行使他们的权利。"

❑ **尊重"被遗忘的权利"**。这将包括若干条款，例如："明确要求在线社交网络服务（和所有其他数据控制器），尽量减少收集和处理用户的个人数据；要求社交网络默认设置为确保不公开数据；如果某用户明确要求删除数据，并且服务商没有其他合法理由保留数据，数据控制器必须删除个人数据。"

❑ **提供数据外泄通知**。要求公司"加强安全措施以防止和避免数据外泄。如果可行的话，在发现数据外泄 24 小时内通知国家数据保护机构，并向有关个人通知情况，不得延误"。

虚拟分析师：智能定价与动态贴现

背景

组织		职能
全球移动网络运营商		企业营销

行业		地理位置
电信		印度

商业挑战

- 监控智能定价与动态贴现解决方案的性能
- 制定策略以推动印度 10 个地区间的智能定价发展
- 制定可扩展方案以实现未来的快速发展

解决方案

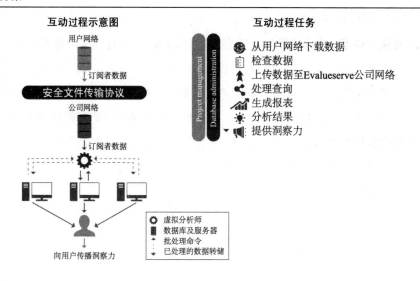

互动过程示意图

用户网络

↓订阅者数据

安全文件传输协议

公司网络

↓订阅者数据

向用户传播洞察力

- 虚拟分析师
- 数据库及服务器
- 批处理命令
- 已处理的数据转储

互动过程任务

Project management
Database administration

- 从用户网络下载数据
- 检查数据
- 上传数据至Evalueserve公司网络
- 处理查询
- 生成报表
- 分析结果
- 提供洞察力

方法

- 将流程任务分级为 3 个不同阶段

阶段 1：创立虚拟分析师，用以自动完成核心数据处理任务

阶段 2：通过自动化演示相关的任务，由此加强虚拟分析师

阶段 3：加强虚拟分析师，用以涵括项目管理任务

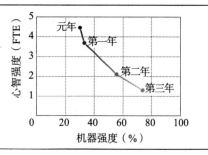

（续）

分析挑战

- 不同地区的订阅者数据具有不一致的容量、速度以及结构
- 大量人力劳动：重复性干预导致结果易出错
- 通过识别触发事件和连接不同步骤设计算法的复杂性
- 敏感的订阅者数据
- 高度依赖于 IT 基础设施以产生模拟环境和复制用户负荷

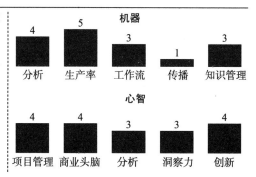

机器

4	5	3	1	3
分析	生产率	工作流	传播	知识管理

心智

4	4	3	3	4
项目管理	商业头脑	分析	洞察力	创新

收益

生产率	上市时间	新能力	质量
• 15 个月实现了 70% 的效率提升 • 项目管理和治理的效率提升	• 减少了交付结果的周转时间 • 通过提升第 2 阶段的效率提高了报表性能	• 引入触发器以提高反应效率 • 使分析师腾出时间来专注于提供有价值的洞察力	• 将错误率减少至 1% 以下 • 通过记录过程来提高客户流失管理 • 通过有效的趋势分析来增强可视化

实施

- **设计**：180 小时
- **实施**：400 小时
  阶段 1：220 小时
  阶段 2：110 小时
  阶段 3：70 小时
- **测试**：150 小时
  阶段 1：90 小时
  阶段 2：30 小时
  阶段 3：30 小时
- **维护**：每年 40 小时
  每年节约 4500 小时

❑ **提高个人控制数据的能力。** "当需要用户同意时，确保他们能明确、自由地表态，所谓明确意味着基于一份声明或者根据相关人士明确肯定的行动；给予互联网用户有效的权利，以使他们能在网络环境中被遗忘：如果他们撤销

许诺，且没有合法的理由保留数据时，用户有权删除数据；保证用户能够轻松获取自己的数据，并享有数据可携带的权利，即用户有权从控制器获取所存储数据的副本，并有权将数据在供应商之间无障碍地转移；加强用户的信息权利，以使个人完全了解自己的个人数据如何被处理，尤其当数据处理涉及孩子的时候。"

❑ **改进个人行使权利的方式**："加强国家数据保护部门的独立性和权力，使其能够有效处理投诉，有权进行有效的调查，做出有约束力的决定，并施加有效的劝阻性制裁；当数据保护权利被侵犯时加强行政和司法补偿。特别是有资格的组织能够代表个人向法院提起诉讼。"

加强数据的安全性："鼓励使用隐私增强技术（通过尽量减少个人数据存储来保护信息隐私）、有利于隐私的默认设置和隐私认证方案；引入数据控制器的一般义务，以及不能无故拖延将数据泄露事宜通报给数据保护机构（在可行的情况下应于 24 小时内通报）及有关个人。"

加强处理数据的责任："要求数据控制器为超过 250 名雇员并涉及数据处理操作的公司指定数据保护人员，因为这些公司的本质、规模以及目的对个人处理数据的自由和权利构成威胁；引入'隐私设计（privacy by design）'原则以确保在程序和系统的规划阶段考虑数据保护；针对参与风险性处理的组织，引入执行'数据保护影响评估'的义务"。

在一个全球化的世界中保护数据："当将个人数据从欧盟转移至第三国时，以及当成员国中的个人的数据被第三国的服务供应商利用或分析时，个人的权利必须得到保障。这意味着无论公司的地理位置或者处理设施如何，欧盟的数据保护标准都必须适用。在今天的全球化世界中，个人数据正在跨越越来越多的虚拟边界和地理边界进行转移，并存储在多个国家的服务器上。更多的公司提供云计算服务，允许客户在远程服务器上访问和存储数据。因此现今机制需要得到提升，以适应转移数据至第三国。这包括合格性决策（即在第三国确立数据保护标准合格性的决策）以及适当的保障措施，例如标准合同条款或'企业约束规则'，以确保在国际处理业务中数据得到高度保护，促进跨国界的数据流通。"

这些规则将影响欧盟与其他国家的关系，这一点在终止与美国签署的"安全港协议"时就已经体现出来，这一事件震惊了在其下注册的 5000 家美国公司。替代品是必需的。2016 年 2 月 2 日，欧盟和美国商定了一个名为"欧美隐私之盾"的新架构，基本上与 GDPR 一样保护欧盟消费者。"这项新约定将令美国公司承担更强有力的责任，以保护欧洲个人数据，并由美国商务部和联邦贸易委员会（FTC）提供更强有力的监控和执法，包括加强与欧洲数据保护机构的合作。"[11] 这一框架协议的主要条款如下：

- ❑ 公司具有处理欧洲个人数据和强制执行的重大责任：想从欧洲进口个人数据的美国公司需要针对如何处理个人资料以及如何保障个人权利承担强制性义务。美国商务部将监督公司公布其承诺，于是美国联邦贸易委员会能够根据美国法律对公司执法。此外，任何处理欧洲人力资源数据的公司都必须承诺遵守欧洲数据保护机构（DPA）的决定。

- ❑ 美国政府网站的明确保障措施和透明度义务：美国首次给予欧盟书面保证，公共机构的执法和国家安全的准入将受到明确的限制、保障和监督机制的制约。这些特例必须在必要且适度的范围内。美国已经不再对新约定下向美国转移的个人资料进行大规模肆意监视。为了定期监测这项约定的运作情况，会进行年度联合审查，其中还将包括国家安全访问问题。欧盟委员会和美国商务部将对此进行审查，并邀请美国和欧洲数据保护机构的国家情报专家参加。

- ❑ 对尚有补救可能性的欧洲居民权利的有效保护：在新约定下，个人数据被滥用的居民将享有几项补救措施。公司必须在限期前对投诉做出回应；欧洲数据保护机构可将投诉转交给美国商务部和联邦贸易委员会。此外，还将免费提供其他可选的争议解决方式。对于国家情报机构获取数据的投诉，将设立一个新的监察使（ombudsperson）。

毫无疑问，"欧美隐私之盾"将对所有其他有意在欧盟或与欧盟成员国消费者开展业务的国家具有强大的示范作用。

隐私对知识环的影响

隐私如何影响知识环？答案是大范围地影响。任何人机共生的成果，特别是那些使用个人信息的，都必须安装符合 GDPR 和"欧美隐私之盾"的保障措施。基本上，所有的人和机器都将真正受控。

个人数据（personal data）的定义是问题的关键所在。这意味着直接或通过与其他信息结合来识别个人的数据，还是说化名（pseudonym）或唯一标识符就够了（即没有其他允许重新识别的信息）？这对于所有在该领域工作的数据科学家来说都是一个关键问题。目前在欧盟，只有直接识别个人的数据和结合其他数据控制器的信息从而识别个人的数据被视为个人数据，而数据控制器由公司决定个人数据如何被应用。因此，除非数据控制器可以将独立的化名或唯一标识符与其他信息结合以识别个人，否则它们不被视为个人数据。但是 GDPR 会改变这个局面。无论直接与否，所有识别个人的数据都将是个人数据。不再要求公司私自持有允许重新识别的其他数据集。因此，任何化名或唯一标识符很可能被视为个人数据。个人数据的更广泛定义将会影响大量的分析用例，你必须完全掌握这一点，以避免操作雷区。更重要的是，由于"欧美隐私之盾"，美国公司也需要高度重视这一点。唯一的问题是，监管者如何处理化名数据以及详细规则的严格程度。双方都还在互相游说，只有时间会告诉我们结果。谨慎的企业一定会调整自己的系统，以应对任何结果。

在资料搜集方面也议论纷纷，个人数据被广泛界定为"对个人数据任何形式的自动处理，旨在评估与某个自然人有关的某些个人情况，或分析预测自然人的工作表现、经济情况、地理位置、健康状况、个人喜好、可靠性或行为"。这是一个非常广泛的定义，可以囊括任何数据驱动行业中的大数据分析用例。你的智能手表可能已经产生了大量的此类数据，人寿保险公司对你的日常活动和心率可能很感兴趣。GDPR 规定，必须经过你的明确同意才能搜集这些数据，用作个人画像或者数据的再利用（repurposing）。例如，Google 广告需要你的同意才能使用过去的搜索记录。更重要的是，该条例要求将默认选项设置为"退出"，这意味着除非你主动做出选择，否则 Google 无法使用你过去的搜索记录。你曾经需要花一个小时试图找到并弄清 Facebook 的设置，苦思冥想才将至少 20 个条件设置为"仅限我"，这样的日子一去不复返。并且如果公司打算出售或再利用这些数据，那么恭喜你！他们需要告知并得到你的同意。

关于个人数据，需要询问首席信息官的 9 个问题

那么，这里有需要问首席信息官的 9 个问题，以避免高达 100 万欧元或每年全球收入 2% 的罚款：

1. 恰当的数据保护政策是否全部到位？国家监管机构对此可能会有所要求。

2. 我们是否有一个由高级管理人员管理的治理组织？如果员工超过 250 名，是

否有一名数据保护人员？我们可以正确地报告有关数据保护的活动吗？

3. 我们有一个更新数据寄存器来告诉我们有什么数据、在哪里存储、为什么这样做吗？我们可以证明自己尽量减少了个人数据的收集和存储，并且只存储了一段"合理时长"吗？这可能比看起来更难。一家银行的个人数据项目人员说，该银行正在通过 2500 个软件应用程序和 10 万多个共享驱动器来查找存储个人数据的位置，这个项目耗费了 3 年多的时间以及几百万瑞士法郎的经费。

4. 我们得到了客户的明确同意来存储、搜集数据吗？可以证明吗？如何处理GDPR 发布之前的数据？数据收集是否仅限于给予授权的客户，还是数据科学家们在无记录编码的某处，仍在**不知不觉地**（unknowingly）使用未经允许的个人数据？

5. 我们有违规通知程序吗？

6. 我们是否对被遗忘、删除和数据可移植性的权利有所准备？客户可以在线查看自己的数据，并毫不费力地在线删除数据吗？

7. 数据再利用是否透明化？我们是否确定没有人在暗地成立利益中心向第三方出售数据？

8. 我们是否控制了到其他地区或第三方的数据传输？我们可以保证公司内部和公司之间的合理协议到位，并有效地保证其符合 GDPR 吗？

9. 我们设计的系统是否使用了"隐私设计"原则，并且无论购买还是开发该系统，我们能否证明使用了这一原则？我们的供应商和合作伙伴是否掌握了 GDPR？

所有使用个人数据的分析用例必须符合此框架。这意味着，个人数据问题需要沿知识环进行个性化的记录和知识管理，而不仅仅是一般的用例组合。怎样才能做到这点？第三部分将讨论这个话题。

不会有超过 1% 的读者能够判断前面的所有问题，但是如果有人试图谈及人工智能、大数据以及物联网来愚弄他，且他对这些数据隐私问题的含义并没有深入思考时，读者可以向他提出一些问题。希望这个想法能够弥补读者在阅读这一部分时遇到的困惑！

趋势 5

向现收现付或基于产出的商业模型迁移

在餐厅、体育赛事、航天任务、商业活动中,成功都是完全看结果的。如果结果不是人们想要的,那么人们就不会称赞,也不会满意。分析用例也是如此。销售、市场营销、研发、许可、供应链和综合管理等领域的决策者愿意为了获得最终洞察力付费,而不仅仅是为了获得数据科学家、大数据工具以及人工智能算法付费。

那么为什么人机共生或人独自交付分析中的 **99%** 仍然是依赖于输入定价呢?为什么无论最终的洞察力是否可以产生,用户都仍然要为数据科学家团队、昂贵的数据和工具的许可证以及组织中的其他人为了弄清报表的意思所产生的机会成本付费呢?这可能是因为决策者没有直接经历过估价(例如,如果他们是从公司总部通过不透明的方式完成支付)。他们会被告知这是商业用途产生的成本。

最近,一名部门主管告诉我,他曾经为某种名为"中心分析服务"收到过公司数百万美元的划拨款项。与此同时,市场营销和销售人员给了他一份关于中心产出的冷淡反馈,他们并没有独立的能力来证明能为部门带来任何积极的投资回报率。这听起来是不是很熟悉?这个经理还告诉我:"事实上,开销成本的分配本身就是一个大数据分析用例!它使每个人在规划时期忙碌了大约 3 个月。但是谁应该做这个分析呢?数据科学家?没门。财务部门?呵呵。那么到底谁来做呢?因此,每年我们都会做出一些没人真正理解的自上而下的决策。不管我们是为什么付费,反正不是基于产出。"

明确基于产出的人机共生服务模式将在未来获得大量的吸引力,但在深入研究这类模型的利弊之前,需要把术语解释一下。与大数据、人工智能一样,这个领域已经出现了一些混乱。图 2.3 试图给出一些结构来讨论这个问题。

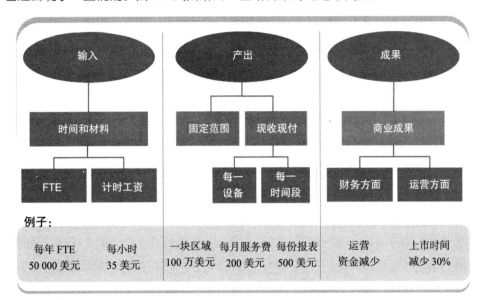

图 2.3 输入、产出与结果的比较

基于产出的交付模式和基于成果的交付模式之间有很大差异。以餐厅类比，菜单定义了明确的产出（也就是菜）的具体价格。客人对餐厅里有多少厨师或服务员不感兴趣，想要的只是价格已知、美味可口的饭菜。相比之下，基于结果的模式与客人在用菜和饮料之后的感觉一致。他们可能会感到高兴、兴奋、失望或者仅仅是吃饱了。这种比喻也很不错，因为它显示了餐馆没能力去影响一切。

产出被定义为一个被交付的产品，例如高质量的早期销售机会、投资银行业务中的项目说明书、为中等复杂公司做更新的估值模型，或者是一个专利地图。基于结果的模型以商业结果的方式定义，例如应收账款减少了 5%。这两种模式都有很多特点，就像伦敦摄政公园玛丽女王花园中玫瑰的种类一样多。有一些专家咨询公司，例如 TPI 咨询（TPI consulting）公司或者 Alsbridge 公司是专攻这个领域的，但基本做法很简单。它总是归结为客户和供应商之间的范围、责任以及经济风险的连续分配。一种极端的情况是简单的人员扩张（例如，你雇佣了一支有 5 个训练有素的专业人士的团队，并且告诉他们到底要做什么），另一种极端情况是托管服务，服务供应商接管用例处理的全部责任，产出将会由成本、时间和质量所度量。通常而言，描述和测量活动的确切范围是很困难的，这使得管理服务有一点棘手。

自 20 世纪 90 年代早期的 IT 业务外包以来，这个行业已经有了很多的发展。供应商群体的能力明显超过企业内部的一些职能部门的能力，所以会出现更多外包和更多专业化的趋势。云服务是刚出现的新潮的专业服务。在分析中，很明显有一种相同的趋势，或许被叫作"DAaas"（数据分析服务），就像不被叫作"aaS"（作为一种服务）就不会产生价值一样。最近一个朋友风趣地对我说或许饭店很快也会叫作"FaaS"（食物作为一种服务）。

这一切都源自于 20 世纪 90 年代末的 GE 资本国际服务（GECIS，也就是现在的简柏特 Genpact）和美国运通旅游相关服务（TRS）公司在印度的机构，在那里利用远程服务供应模式使得高级的分析成为了可能，这称为知识流程外包（KPO）。从那时起，一个日趋成熟的供应商社区在全球范围内出现。

当然很明显，以结果为基础的关系在范围上要更广泛一些，因为交付结果的供应商必须能够代表客户做出一些决定。这样的约定仍旧是少的，因为对双方而言这都是充满危险的，原因显而易见，即服务供应商几乎永远不会，也不应该控制决策的各个方面。但是他们要如何才能对业务结果负责，并且根据绩效收到报酬呢？在有些领域这样的方式行之有效，流程直观而且定义清晰，没有太多的接口（例如应收账款的管理、工资或者供应链中一些特定的区域）。其他的领域，例如销售、市场或创新在度量结果或分配明确的责任方面更难以隔离。

在人机共生分析中，大的推进不是发生在基于结果的模型中，而是发生在基于产出的模型中，其中单位和相应的价格可以被明确界定。到 2021 年这种模式的份额可能会从 2016 年的不足 2% 增长到约 20%。为什么会这样？专业化的有力组合会带来更低的单位成本、更快的交付速度、更好的质量、新能力以及如今更多适应动荡市场不确定性的柔性需要。

目前出现了一个非常重要，但是通常很难理解的特点，它与人机共生分析高度相关。每个人似乎都关注外部的服务供应商，却忽略了一个事实，那就是无论是内部的还是外部的服务供应商，在被度量和管理的方式上，都不应该有任何的差异。为什么公司内部的中心大数据科学家团队或印度、拉丁美洲、东欧的下属公司（也就是那些全球公司在低成本地点的子公司）应该以不同于外部服务供应商的方式来度量呢？这是没有道理的。但是为什么这些下属公司通常比外部供应商的绩效压力要小得多呢？为什么没有在实际的终端用户上应用明确的服务等级协议（SLA）

呢？为什么下属公司很少开发用于人机共生用例的尖端技术呢？这又回到了分析学、规范性和缺乏对分析用例思考的心理学话题上。

　　下属公司是成本区，通常由总公司支付成本。举个例子：一家大银行在印度设立了一个下属公司。为了给部门引进项目，总公司预先支付所有投资，业务在只有可变成本（也就是员工的工资）的情况下进行。在为了廉价出售下属公司而进行的尽职调查（due diligence）过程中，了解到一些组件（例如，一种特殊类型的电信设备）耗资大约 3 倍于几个月前购买完全相同类型设备的成本。当然，这样的机制会导致经济现实的扭曲，因为企业只能以可变成本的价格购买服务，这可能比实际的生产总成本低 30% 左右。不可避免地，一旦那些创建下属公司的第一代和第二代管理者离职，真实的情形就会显现出来，这种误入歧途的经济状况也将显露出来。

　　当然，也有充分的理由（例如，真正遵守规则）设立下属公司，并且许多下属公司是紧密运行和管理的，例如一些咨询公司、银行或者工业参与者的大型子公司。关键的问题不是下属公司或者中心数据科学家团队就不应该存在——远非如此（far from it），而是支付服务的基层单位经理应该能够坚持自己的分析用例透明度。第三部分将会讨论用例方法如何被用于推进透明度。

　　Evalueserve 公司越来越多的客户要求基于产出为分析用例定价，这种模式是在 2012 年甚至是 2013 年都还不存在的模式。那么这种趋势到底源自哪里呢？很明显，是各个领域的基于云的产品创造了这种同样适用于分析行业产品的需求。微软的办公软件现在也以现收现付、按月支付的方式通过网络售卖。欧特克（Autodesk）公司的三维 CAD/CAM 建模软件是基于云计算和现收现付的。移动运营商 Lebara 售卖按月的通话时长和数据包，而其他的许多移动虚拟网络运营商（MVNO）拥有自己的品牌，但是使用传统运营商的网络。基于云的模型，例如 HubSpot 上的客户关系管理（CRM）也是现收现付的。将这种通用模型应用到分析世界仅仅是一个小的、合乎逻辑的步骤。在云计算或企业模式中的基于产出的现收现付模式的驱动力是什么呢？这种方式给顾客带来的利益又是什么呢？下面列出 8 种可能：

　　1. 低前期成本和投资：起步是容易的、快速的。例如，一个公司的简介由于复杂度和深度的不同可能会花费 200 美元～ 1000 美元；一个专利地图花费 1500 美元～ 2500 美元。大多数公司对投资设有临界值，投资需要由中央投资委员会批准。这可能需要很长时间。现收现付的方式有助于把资本支出转化为非常高级别的正常营业成本的审批过程和企业拥有者级别的快速业务导向决策。

2. 降低的风险和增强的管理灵活性： 由于任务较小，所以涉及的风险也更小。客户端可以根据自己的需求打开或关闭，在后端将用户的市场波动和短期任务匹配。如果业务做得不好，成本可以很快撤出。企业的首席财务官会喜欢这一点。

3. 专业化： 如果产出的单位可以被定义，并且如果有足够的规模，人机共生的潜力可以发挥到最大程度。用例的提供者可以想出最佳实践的自动化方案来显著地提升产品质量，超出下属公司能力所及的方式。事实上，由 InsightBee 产生的公司简介的成本只占到了完全人工简介的一半，因为 InsightBee 使用专业的软件和过程推出产品。相似地，谷歌投入数十亿美元用于改进其搜索功能。没有人能够收购谷歌内部的 IT 部门来创建下一个搜索引擎。这是一个领域，这个领域对于下属公司和内部的数据分析部门而言是一个有战略意义的问题，随着引进的机器水平的不断提高，这也会成为一个主要问题。按照定义来讲，下属公司和内部团队只有一个客户：它们自己的公司。全球市场上充满着各种不同的客户需求，但是它们是不会与全球市场有广泛接触的。此外，它们通常没有大量的资金进行投资且后来再分期偿还的大量工作中使用的技术。

4. 增加敏捷性： 敏捷正变得越来越重要。当公司使用灵活的新产品开发方法（例如，三周的冲刺式软件开发）时，现收现付可以带来巨大的变化，它作为一种解决方案，可以在几天之内得到试用并且推出。

5. 提高透明度： 成本的分配变得更直接了，并且可以用一种更透明的方式和用户联系起来，避免了复杂的、不透明的成本分配方式。当然，一个小的不足是成交量波动也会带动成本波动，这样使得事情更难于计划。

6. 对每个人的正确激励： 你会把正坐在上面的树的树枝锯掉吗？大概不会吧。那么为什么你的内部部门或供应商（即数据科学家、数据和软件许可证）会进行收费以降低单位成本呢？是的，他们不会这样做，除非他们有利可图。单位定价能够实现这一点，因为供应商能够通过更有效率的方式来提升自己的盈利能力。最终，这样的好处至少也会部分地传给客户。下面的话引自一家大型银行资产管理部的首席运营官在一个会议上的讲话："人机共生还有多遥远？目前为止我们还没有从下属公司或者供应商那里听说过人机共生，所有的事情都是人工处理的。真的可以通过自动化节省 30% 的成本吗？还有一个问题，为什么他们想要减少人头费？我想自己懂了。"

7. **即插即用与云计算的结合**：当你将现收现付模式与云计算解决方案结合起来的时候，它就几乎变成了即插即用。这种解决方案比现在的企业解决方案需要更少的工程量。诚然，一些能够自动地和其他机器进行数据交换的数据接口（例如，应用程序设计接口和数据交换系统）需要两台机器之间的无缝连接，尤其在分析领域，这是相当简单的。

8. **始终保持最新更新**：现收现付模式允许及时升级，按照定义，合同期限太短，所以允许立即续订。这样，业务将随时更新。当然，应用程序设计接口可能需要做出调整，但这也比不得不等待已经预先支付或者按照合同支付了 1～3 年费用的许可证到期要好得多。

第三部分会表明，用例方法非常适用于现收现付模式。当然，也要从内部供应商的角度来看，无论它像一个中心数据分析团队的内部供应商或者是 InsightBee 那样的外部供应商。这既有好处也有弊端。首先来分析以下 3 个好处：

1. **巨大的潜在市场**：创新型的新兴公司可以很容易地赶超毫无新意的老公司，但是一些老公司已经抓住了现收现付的机会。如果微软没有转入云计算以及移动策略模式，那么又会发生什么事情呢？自从 2013 年 4 月以来微软的股价已经翻了一番。把这些全部归功于云计算领域的现收现付策略当然是不公正的，但是商业云增长迅速，在 2015 年的第四个季度已经超过了 94 亿美元。其中很多都是采用了现收现付的某种形式。自从 2013 年 4 月以来，Adobe 公司的股价也翻了一番。Adobe 也采用了完全的云计算模式、移动模式和大规模的现收现付模式。在它的创意云、文档云和营销云三个关键领域都在扩张已有的市场和解决新的客户细分问题。事实上，Adobe 预计在 2018 年它的市值将达到 270 亿美元左右 [12]。

2. **新兴公司喜欢它**：毫无新意的老公司在哪个领域变的无所适从，那么新兴公司就在哪里有了机会。一些公司，像客户关系管理领域的 HubSpot 以及市场营销领域、人力资源管理领域的公司，例如 Zoho、Workable 或者 SnapHRM，都在那些以前由重量级的企业资源计划（ERP）系统供应商控制的领域中变得更有竞争力。显然，一些老公司（incumbent）没有像微软或是 Adobe 那样让自己的策略变得有竞争力，因此它们将受到这些敏捷的新兴公司的冲击。

3. **更短的销售周期和更低的销售成本**：传统的企业模式提供的服务有非常长的

销售周期，长达几个月甚至是几年。由于进入的壁垒要低得多，所以在某些用例中销售周期可能只需要几分钟。由于大多数现收现付模型的云计算本质，所以对应的销售成本也比传统企业销售模式的成本更低。诚然，仍然有混合模式并且传统的关键客户管理仍然很有价值，但是解决中小型公司的市场现在是可能的。

到目前为止，这种模式对于软件供应商而言很好。在人机共生市场上第一批的几个模型已经可用了，例如，InsightBee 平台的销售智能或者银行家工作室（the Banker's Studio）的银行投资理财书籍和模型。然而，很显然，同样的软件市场驱动程序也将在分析市场中为服务供应商提供巨大的机会。Evalueserve 公司期望基于云平台 InsightBee 将用户从 5 万人提升至 100 万人。InsightBee 平台的市场、销售、采购智能版本是市场、销售、采购智能领域首先出现的人机共生的基于产出的云模式。InsightBee 平台提供了非常明确的现收现付的产品，这是机器支持的。当然，它也存在一些弊端：

1. **量的波动**：对于客户来说有好处的东西，可以变成供应商的计划的噩梦，尤其是在人机共生模型中。在一个纯的软件模型中，拓展和收缩是容易的。一些服务器会得到更多或更少的工作。在人机共生的世界中，效用是盈利的关键。虽然确实有潜在的增长，但在需求量比较低的时间段，例如年底的假期季，量的波动可以达到 50%。

2. **较低的黏性和增加的全球竞争**：很短的合同或订购期或完全可变的现收现付模式降低了客户黏性。对于市场的领导者来说，这样的模型可以轻易变成赢家通吃的情况。跟随者为了胜出，必须要提供更好的产品。这会导致更激烈的竞争，因为客户的忠诚将不再持续。

当然，并不是所有的服务都会变成基于产出的。然而，分析用例的哲学迫使每个人都关注产出而不是输入成本的再分配。伴随着所预测的分析用例大爆炸的情况（例如通过物联网、风险与合规性和大数据），如果想避免成本高入云霄，基于产出的思考方式就是必要的。

Insight Bee 销售智能：主动识别新的销售机会

背景

组织
各种规模的公司

职能
销售和业务发展

行业
仅 B2B 公司

地理位置
全球范围

商业挑战

- 主动识别合格的销售线索并通过移动设备向销售人员提供线索
- 有助于更快瞄准机会
- 设置账户策略

解决方案

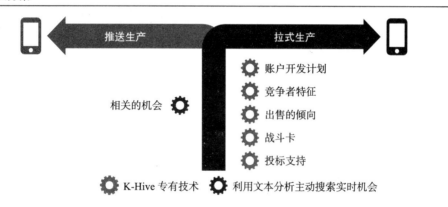

方法

- 评估客户的销售策略、产品和目标账户
- 为机会引擎设立一个思维差距和算法
- 为了销售机会通过机会引擎开始每天监视数据源
- 限定线索并向客户发送警报
- 与客户关系管理系统集成，改善工作流和线索的跟踪

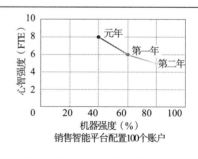

销售智能平台配置100个账户

（续）

分析挑战

- 理解 B2B 销售场景中的事件和开发触发器，创建事件的思维图
- 在销售智能平台中识别和优先处理定义搜索算法的销售触发器
- 为特定客户和他们的目标账户定制平台
- 从成千上万的结构化和非结构化数据源中分析信息，以确定一个潜在的机会

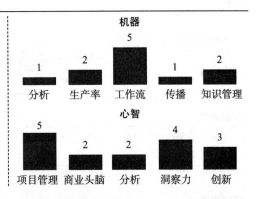

机器

1	2	5	1	2
分析	生产率	工作流	传播	知识管理

心智

5	2	2	4	3
项目管理	商业头脑	分析	洞察力	创新

收益

生产率	上市时间	新能力	质量
• 知识管理技术提高生产率至少 50% • API 与客户关系管理集成，以改善工作流	• 定制报表交付速度提升 50%	• 对行业关键前景的前瞻性监测 • 基于云的平台，便于访问 • 可扩展到所需数量的账户和产业	• 定制过滤掉不重要的消息 • 每个警报（持续学习）接受 / 拒绝的选项

实施

- 不到一年一个电信客户收入 600 万美元
- 对于领先的数据存储系统，在不到一年的时间内将销售管道从 2500 万美元增加到了 6100 万美元
- 对于制造公司，价值 1 亿 5000 万英镑的确定机会
- 基于 InsightBee 技术平台的工具
- 从概念到最低可行产品时间：6 个月
- 成本：35 万美元
- 外部合作伙伴包括用户体验和用户界面设计人员、外部开发团队、文本分析专家

　　本部分已经展示了新的经济模型是怎样出现的。软件巨头已经基于这些模型制定整个策略。虽然有 5 ～ 10 年的差距，人机共生的分析会跟进。

趋势 6

多客户端应用中的隐藏价值

本部分讨论，如果应用了更智能和更好的体系结构，那么在许多流程中都存在着巨大的成本节省潜力。不仅如此，应用机器还有可能带来额外的效率收益。

先从小实例开始来说明这一点。想想你所生活的国家，再想想你所在国家的城市以及连接城市的道路。为每一组城市组合建设一个直接的道路而不产生任何交集的做法有意义吗？

那么，为什么有那么多的客户端应用程序（即联合数据资产服务于整个行业）？现看看银行业中著名的"了解顾客"（Know Your Customer，KYC）。世界上大约有 20 000 个零售和商业银行，其中，很多家银行都想与其他 19 999 家银行做生意。为了达到这一目的，它们需要满足 KYC 规则的需求。也就是说，它们需要知道相应银行不是一些洗钱组织。因此它们需要根据标准形式收集关于银行的一些消息。近来所有银行对与其交易的其他银行都使用了 KYC，即使它们收集相同的信息。从数学的角度来看，这就像是一个棋盘，只不过有 20 000 行和 20 000 列，而不是 8 行 8 列。如果每个银行都对所有其他银行执行 KYC 规则，就会导致世界上有 4 亿 KYC 文档出现，并且持续更新。幸运的是，并不是每个银行都与其他所有银行交易。因此假想一下，我们在谈论的只是这个数字的 1/10（也就是 4 千万的文档）。接下来进一步假设创建和维护一个文档花费多长时间——暂记 5 个小时。这相当于每个银行平均要有 5 个人做这个工作，也就是总计 10 万名员工。当然，大银行将会需要更多的人，而小的银行可能只需要一两个。

现在考虑一下，有一个可以存储这类记录的中心收集点，而且想要顾客全部信息的银行有收集点的访问权限。在这种情况下，20 000 家银行将会提供文档，KYC

人员总共需要 50 个全职人员工作量。多么巨大的节省！银行尝试通过一个公共标准。一些公司，例如 KYC Exchange NET AG 公司已经研发出很好的技术。那么为什么理想中的情况并没有出现呢？没有人知道。银行实际上不是在 KYC 规则的基础上开展竞争的，或者至少我们希望它们不是这样，而且最终却要为如此的低效率买单。令人惊奇的是，每个人似乎都在重新发明轮子，而不仅仅是使用一个轮子：许多稍有不同的轮子都在做同样的工作。

多年以来我们已经看到过很多这样不必要的重复。下面再举一些例子。世界上每一个竞争情报部门似乎都觉得自己的模板更好，且需要与众不同。每一位股票分析师似乎都认为他或她的估值模型需要与众不同。否则怎么可能在一个股票研究部门的一次股票审计中发现 12 个对于"股票数量"的不同定义？定义包括在一个月或一个季度的开始或结束时的份额，而不管是否有认股权证（warrant）等。这不是单纯的艺术自由——仅仅是冒险。有时这种差异只是品味的差异或解释，而不是本质上的缺陷。然而，有的时候它们是完全错误的。

为什么公司不能重用别人之前做过的事情？我们可能又回到了分析心理学，即非此处发明综合症（not-invented-here syndrome）。如果有一种方法可以证明最佳实践，并且在用例中与公司不存在直接竞争的其他用户共享这些最佳实践，那么共享应用程序和重用会具有巨大的潜力。

在客户会议上，我举了一个非常简单的人人都能立即理解的应用程序的例子：在第一部分讨论的清洁 Logo 的用例中，你曾经是否不得不从公司的网站上复制一个公司的 Logo 并粘贴到一个 PPT 页面？问这个问题时，从客户的高度投入以及我所得到的情绪反馈中，我推测有少一部分人在他们的职业生涯中从来没有这样做过，也许他们就像有生命形式存在的行星一样罕见。如果你属于这个人群，那么你是一个不用浪费自己时间的非常幸运的个体。这是一个典型的令人尴尬的、简单的、多客户端实用程序，可以产生巨大节省的例子。资产的创建和更新都只需要一次。相关宏在毫秒的时间内就可以得到清洁 Logo。通过计算，每家使用了这些宏的大型投资银行会节约 12 000 个小时，对于咨询公司来说节约甚至更多。根据维基百科，大约有 120 个大型或独立投资银行和金融企业集团做兼并和收购（并购）工作，做此类工作的还有 100 家左右的相当大的咨询公司和会计师事务所。如果每个人都使用相同的工具，那么他们将总共节省超过 100 万小时的时间。那么节省了多少费用呢？试想一下银行家和顾问能够利用这些时间做些什么。

现回到人机共生分析用例的人口统计数据。即使是非常保守的估计，也可以节省大量的工作，可能是数十亿小时。当然，并不是每个用例都是这么简单。许多用例出于非常特别的原因不得不有些不同。然而，许多用例可以参数化，同时仍然保持相同的底层逻辑。使用人机共生的智能工程仍然可以实现很大比例的节省。

为什么这样的设想到目前为止还没有发生？现在没有有效的机制允许共享和重用。只有当供应商看到客户基础上的潜力，并提出有意义的产品时，才会有这种情况出现。第三部分将会讨论用例方法如何使这个过程更有效。

趋势 7

数据资产、可替代的数据和智能数据的竞争

人们有一个模糊的思想，即值得花费很多钱来拥有专用的数据资产：数据资产越多越好。人们飞速地采集、扩展和购买数据，即使对于其中很多人而言，数据预期的用途并不明确。人们寻求的应当是竞争差异化、新的收入来源以及通过重用的方式提高效率。

先来看看收购吧。Facebook 在 2014 年以 190 亿美元收购 WhatsApp，这被广泛视为是对世界上最大的手机通讯录和移动人际关系群的收购。这是一个不断增长的巨大数据资产，一场基础设施比赛（an infrastructure play）。即使已经有了相当超前的谋划，但是 WhatsApp 的创始人却仍不知道数据资产在未来会提供怎样的服务和商业机会。关键在于这个数据资产有一个很大的选择（权）价值，这在未来可能具有一定的价值，但是仍未确定这会是什么价值。

类似地，Google 在收购 Nest 的时候也被视为获得了大量的家庭数据。这同样是由基础设施发挥了作用。如果知道人们在家都做了什么，那么可以提供什么样的服务呢？在早上当睡眼惺忪的孩子进入厨房吃早饭时，是给他们提供针对麦片的广告吗？当然，广告引擎也知道一周前冰箱中有哪个牌子的麦片，所以一个竞争者的品牌可以在广告中推送：为什么自己的麦片比孩子们喜欢的要好？当然，孩子上学后，父母会收到相同品牌的不同广告，因为他们更关注麦片的营养价值。

或者你在想为什么现在有各种精美的可穿戴设备（例如 Jawbone 的 UP3、Fitbit Surge、Lenovo Vibe Band VB10 等腕带）？我实际上最喜欢 Pivotal Tracker 1 的命名，它正好说明了设备的作用：跟踪你并存储数据。这是另一个针对健康和个人数据的基础设施。这里会有什么服务呢？作为你健康活动参考的更有价值的人寿

保险？在你没有足够锻炼时自动提供维生素 D？

　　所有这些基础设施的数据资产在未来都具有期权价值，并且在此之上将建立上千个用例。显然，所有这些基础设施的运作都将受到"欧美隐私之盾"的大规模影响，因为它们肯定正在存储超过"出于商业目的需要的最少数据量"。陪审团正在讨论：监察机构是否能够快速、智能、足够严谨以远程控制这种情况。过去金融监管者有一个很好的就业市场，很快，隐私监管机构和说客就会有一个很好的就业市场。

　　相对较少的公司可以在基础设施领域发挥作用，而其他公司将着眼于具体的用例。我们来看几个例子。咨询公司也开始为非常具体的用例获取数据资产。图 2.4 显示了管理咨询、会计、IT 服务和数据供应等领域的专业服务公司如何增加获取数据资产和 / 或收购拥有数据的公司的动力。

管理咨询	• 特定行业的洞察力 • 可视化 • 更快的决策交付	• 博斯公司（Epidemico） • 麦肯锡（QuantumBlack、4tree、Risk dynamic、 　visualDod）
四大审计	• 地区利基型企业 　（niche player） • 物联网	• 安永（Bluestone、C3 业务解决方案、Entegreat） • 毕马威（Label Insight、Bottlenose） • 普华永道（GeoTraceability、cundus AG、Kusiri）
IT 服务	• 商务智能套件 • 特定行业能力	• IBM（Truven、Explorys） • 埃森哲（i4C analytics、Gapso） • 日立数据系统（Pentaho）
其他专业服务	• 职能专长 • 特定行业能力	• Millward Brown（InsightExpress） • 汤森路透（Tamr） • D&B（NextProspex）

图 2.4　咨询公司收购的数据资产

　　专业服务公司的目标也是明确的。它们希望拥有专有的数据集，以用于投标、基准测试以及没有其他人拥有的项目交付。受多重因素影响，20 世纪 90 年代咨询市场逐渐扩大，我的许多校友顾问现在都已成为企业的 CXO。但是现在市场已存在产能过剩。除非咨询公司有自己的不同之处，否则它们将被挤出市场或需要合并。正如在管理咨询领域的中型公司一样：博斯公司已被普华永道收购，而 Roland Berger 距离被大型会计事务所之一收购也仅有一步之遥。但是咨询公司也产出自己的数据资产和专有用例，除了其他公司以外，麦肯锡提供了 22 个数据解决方案，

Periscope 也提供了改良的定价能力。

这些机会只能留给大型的在线业务公司或大型咨询公司吗？完全不是，公司将有数百万个基于这些资产构建用例的机会。当然，它们中的很少一部分会变得和之前提到的那些公司一样大，但是它们的数目会逐渐增多。世界上任何一家公司都应该考虑这样的机会：构建在市场上有区分度的中小型数据资产。例如，在小的方面，40 000 个新的清洁 Logo 正是这样的资产之一。同样，InsightBee 平台也在创建可重用的资产，所以已完成的研究都以正在申请专利的知识对象（例如文本框或小型图表）的形式储存。所有的这些用例都可以在相应的时候重用，关键点在于已完成的几百万小时的工作可用于其他的用例中。

道理很简单。好比你在一个尚未开放的领域安置了土地，拿走赛马比赛的奖金，骑上你的马，并立即将这些赌注押在土地上，以供自己的用例使用。

"客户分析：协助进入市场战略用例" 展示了如何帮助在线零售商利用其数据更好地了解客户群。

在可替代的数据（alternative data）的竞争中，有几个很好的例子来说明范围广泛的新用例。第一个问题是银行股票研究部门希望如何开发新的数据流，以给予它们的客户对股票市场更深的洞察力。它们正在设立专门的数据实验室，以基于可替代的数据提出新的专有洞察力。例如，它们正使用卫星图像跟踪美国快餐连锁店停车场的交通情况，以便为这些企业做出更准确的收入预测。

另一种可替代的数据流来自对某些语言的社交媒体数据的分析。对于奢侈品牌的全球产品项目经理而言，以往在中国、韩国、日本等几乎没有英语覆盖的主要市场了解品牌认知度是一件很有挑战性的事情。现在，可以将自然语言处理（NLP）应用于当地语言（中文、韩文、日文等）的社交媒体上，并获得洞察力信息。

物联网数据也将成为可替代数据的丰富来源。毫不夸张地讲，它将创建数百万个全新的用例。

然而，可替代的数据源不见得总是新的或以前没想到的。现有数据集的智能组合已经提供了相当有价值的洞察力。将数据整合到内部筒仓中可以成为利用现有数据的有效且高效的方法，例如在一个 800 位（bit）的用例中，将人力资源数据与数据库许可信息相结合就可给公司节省数百万。

此外，整合内部和外部数据可以提供强大的新洞察力，例如财富管理者可以看到他们的高净值客户的所有"钱包"或财富，而不仅仅是已被管理的资产份额。

最后，我们需要考虑智能数据和相关的基础设施，这也使得整类新用例成为可能。例如，德国在这5个方面对一个智能数据战略基础设施（http://www.digitale-technologien.de/DT/Navigation/DE/Foerderprogramme/Smart_Data/Projekte/projekte.html）进行了大量的投资。

1. 跨公司的数据生态系统允许公司之间的数据和知识有效地流动和交换，例如在互连的产品和交互系统中。

2. 不同"进程孤岛"之间正尝试交互的跨进程生态系统，例如在工业4.0的工厂中。

3. 跨越多个行业的移动平台，例如物流系统。

4. 区域数据基础设施，以发现区域趋势或实现当地的灾难管理。

5. 更好地整合卫生服务的健康数据平台。

6. 以更灵活的方式自动处理不同数据类型的平台。

作为对平衡的人机共生分析重要性的进一步说明，越来越多地使用机器支持创新思维是许多可替代和智能数据用例的共同特征。

客户分析：协助进入市场战略

背景

组织 在线饮料零售商	**职能** 在线零售战略
行业 酒精饮料的电子商务	**地理位置** 美国、英国、澳大利亚

商业挑战

- 改进对客户群的了解
- 定制走进市场战略，减少客户流失
- 为每月更新开发可重用的框架

解决方案

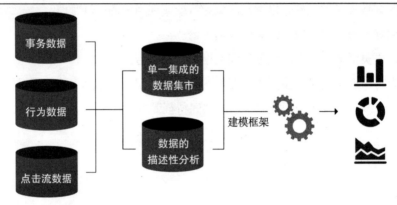

方法

- 进行现场讨论，以更好地了解客户的业务和数据结构
- 从多个来源映射数据，以突出客户的一个真实版本
- 创造客户群
- 运行多种算法来映射最佳运营业务部门
- 将洞察力划分为自定义的视图，以创建交互式仪表盘

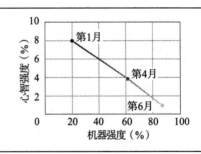

（续）

分析挑战

- 从 40 多个拥有多维度和 2000 多万条记录的数据源中创建单个数据集市
- 与位于不同地理位置的多个团队进行配合
- 运用迭代法选择适用于降维的最佳机器学习算法

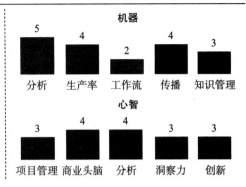

收益

生产率	上市时间	新能力	质量
• 通过自动化提升 95% 的生产率	• 通过规范化和自动化解决方案框架，上市时间明显缩短	• 根据 B2C 市场情形下的业务规则和统计意义优化客户群	• 测试控制框架证明了不同营销活动中的高质量洞察力

实施

- 3 个 FTE 用于 3 个月的模型开发
- 1 个 FTE 用于 1 个月的可视化
- 1 个 FTE 用于每季度两周的刷新解决方案
- 在刷新阶段实现 95% 的生产率提升

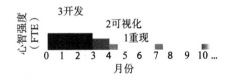

社会洞察力：亚洲语言社交媒体洞察力

背景

组织
大型快消品（FMCG）公司

职能
营销、品牌、广告

行业
FMCG

地理位置
中国、日本、韩国，总部在美国

商业挑战

- 来自社交媒体监测平台的亚洲语言数据的质量较差
- 建立客户订阅平台，可提供对汉语（普通话和粤语）、日语和韩语的社交数据的高级报表与分析
- 使用社交数据定位特殊的业务问题

解决方案

机器：自动数据提取、基本处理和社交数据报告

定量数据
（电子商务门户等的销售数据）

定性数据
（通过亚洲语言的 NLP 平台
获得使用这些语言的客户的
反映、KOL 意见等）

进一步的数据处理

对数据进行核对和处理的用例驱动框架

心智：针对每个业务和研究问题提出的洞察力

行业专家的分析

英文形式的最终洞察力

方法

- 创建核对和分析亚洲语言社交数据的灵活的、基于用例的平台
  注意：100 个可能的用例，由客户的具体业务问题定义
- 为更深入的数据处理、报表和分析实现许多微创新
- 建立一个讲目标语言且有强大的当地市场洞察力的分析团队

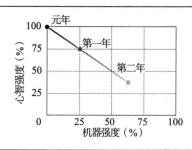

（续）

分析挑战

- 为业务和研究问题提供有意义的洞察力，而不仅仅是获得高层次的概念
- 根据企业和 / 或数据集的业务功能，基于社交数据实现数百个用例
- 每个国家的数据质量管控
- 更深入的数据处理需要广泛使用微创新和自动化

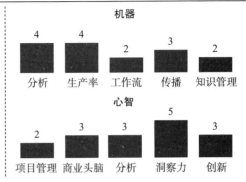

机器

4	4	2	3	2
分析	生产率	工作流	传播	知识管理

心智

2	3	3	5	3
项目管理	商业头脑	分析	洞察力	创新

收益

生产率	上市时间	新能力	质量
• 人力减少了 35% • 通过自动化、微创新和标准化获得收益	• 为数字营销、品牌、广告和销售团队迅速提供可行的洞察力	• 深入客户智能的新来源 • 满足业务和研究需求的解决方案	• 更好的质量，更有意义的洞察力 • 更好的社交信息倾听的投资回报率

实施

- 初步设定在 4 周内完成，包括团队创建（讲所需语言的专业分析师）和最初的流程集、工具等
- 客户持续收到标准、半标准化和定制的洞察力
- 不断探索对社交洞察力的使用，同时用例和框架的演变也将继续进行

- 第 1 年的预算为 10 万美元
- 两名分析师组成的特别小组
- 从事自动化的其他开发人员（0.25FTE）
- 前两年自动化的收益达到了 40%

趋势 8

市场和共享经济最终着陆于数据和分析

"市场"和"共享经济"已经存在了 3000 多年了。这些市场和共享模式的新颖之处是在线特性，而以前因为高昂的交易成本，这根本就不可能实现。你现在一定以这样或那样的方式听说或使用过在线商城和共享经济。当然，Amazon 和 Uber 是世界上最有名的模式，但是在许多领域，类似的模式都开始如雨后春笋般地涌现。在招待领域，诸如 CouchSurfing、Airbnb、Feastly 和 LeftoverSwap 等平台正在迅速成长；在工作空间领域，体现在 Mylittlejob、TaskRabbit、Mechanical-Turk、crowdSPRING、DeskNearMe 和其他众多公司；在交通领域，除了 Uber，还包括 Zipcar、AirDonkey、Lyft 和 Getaround；在零售和消费品领域，有 Neighborgoods、SnapGoods、Poshmark 和 Tradesy；在媒介领域，有 Amazon Family Library、Wix、Spotify 和 Soundcloud。甚至连跳蚤市场都进入了 P2P 共享的世界（例如 the Japanese Fril）。而且肯定还会有更多的模式会出现。

普华永道在其在线报告"共享经济－调整收入机会"中预测：到 2050 年，共享经济的规模将与常规的租赁经济的规模相当，达到 3350 亿美元的收入 [13]。驱动力很简单：（1）降低成本，因为资产利用率更高；（2）便捷，例如访问变得更加容易和迅速；（3）更高的灵活性。有趣的是，用户也觉得正是信任使得共享可以实现。如果信任不复存在，那么这些模式也将迅速崩溃。其中许多公司已经很快建立了它们的模式，以至于地方和国家当局正你追我赶地解决法律和税务问题。例如对于德国的 Uber，适当的保险范围、遵守劳动法以及要求对司机进行适当的培训等问题都已成为重要的议题。虽然其中一些忧虑是绝对真实且需要解决的，但是很明确是为了保护旧的卡特尔，一些挑战被提了出来。

交易类型多得惊人。租赁、借贷、现收现付或订阅、转售、交换或捐赠是这些模式潜在的选择，但是这些模式并没有使生活变得更容易。

在将这些商业模型应用于人机共生分析之前，需要多长时间？竞争已经在几个层次上展开了，但是仍然缺少一些重要元素。重要的是构思，因为当前的一切似乎都陷入了一团相同的模糊"共享"中。

从第 1 级的数据开始：最热门的活动发生在数据集、原始或处理过的数据流领域。当然，数据提供者一直在我们周围（例如 Bloomberg、IMS Health、Thomson Reuters 等）。一些信息作为数据流出现，例如金融交易数据，像医疗药物的每月处方数据作为静态数据集。显然，这些公司已经建立了大量的业务，在一些地区甚至形成了垄断（例如在 2014 年，Bloomberg 收入约 90 亿美元，Thomson Reuters 约 126 亿美元，IMS Health 约 33 亿美元）。

然而，对于那些主要业务不是数据业务的数据生成者和创造者而言，将会有新的机遇。这是我最近听说的："Marc，我们一直在考虑怎么利用我们的数据。如果有人感兴趣的话，为什么我们不同时赚点钱呢？我们可能也从其他人拥有的数据中获益，或许我们可以进行交换或者以物易物。"

从上述讨论中可以清楚地看出，大多数企业战略规划部门并不认为这是战略机遇，而是像一些赚钱的战术机会。然而，很多营销部门似乎非常有组织地出售着它们的数据。一份 2014 年 Gartner 对 300 名营销人员的调查发现，令人吃惊地，**43%营销组织将数据出售给其他公司** [14]。当然，每个人都说是按照数据隐私法规定做的，但是在隐私权章节中我们知道，其中的一些数据集可能不再符合 GDPR 或"欧美隐私保护盾"的要求。这值得营销人员思考。

这是市场销售数据流的一个有趣的例子：新加坡的 DatastreamX 让客户从数据发起人那里购买小型的数据集或重复的数据流。如果你对一些主题感兴趣，例如布拉格实时房地产分析的"布拉格－伏尔塔瓦河流域每周客流量"，或世界贸易分析的"墨西哥 2.22 亿份出货量数据"，你可以非常容易地在线购买这些数据。真正创新的地方不在于在线购买数据集，而在于在线购买数据流。也就是说，你购买的是针对数据的权利，这种权利允许你在将来数据刚产生的时刻就能拿到。

Datacoup 是一种商业化个人数据，例如付款、人口统计和行为数据等新模式。Datacoup 将获取你的个人数据，并将其卖给想要了解像你这样的消费者的购买者。

在某种程度上，它有望成为一个大的选择面板（opt-in panel），在这里你作为数据提供者直接获得报酬。Handshake 是一家类似的提供 P2B（Peer-to-Business）模式的公司。这家新公司正努力削弱现有的数据中间商，例如 Epsilon 或 Experian 公司的信用报告服务。这种新模式在这个阶段显然是利基市场，但是一个有趣的新角度在于认识到每个客户的数据都是有价值的，而现有的数据中间商在本质上是不透明的。Facebook 正在利用这些数据，却没有补偿数据所有者（例如你）。为什么只有投资者才能获得所有的价值？

KD Nuggets 对这些创新模式有一个很棒的目录 [15]。它列出了一系列可以共享和购买数据的数据中心和市场。在这个阶段有获胜的模式吗？不完全有，但是如果这些公司提供可靠和高质量的数据，包括必要的审计跟踪，共享经济很可能在未来几年推动这些公司增长。数据在出售前是否会受到大量的处理或增值（相对于原始数据）将取决于顾客的需求和努力的程度。

现在，来看看第 2 级的信息、第 3 级的洞察力和第 4 级的知识。在这些层级上，事情变得麻烦起来。当然，很多都是因为对洞察力和知识的保密，因为它们是竞争优势的来源。你会分享自己独有的洞察力吗？当然不会。然而，有很大的机会来共享分析用例。微软 Azure 等平台已经在云端为各种类型的数据服务（包括物流网）提供一个极好的模块化的 IT 基础设施。如果有数千或数百万的分析用例可以在这样的市场上被共享或商业化，那么公司在开发下一个主要或二级分析用例时，可以节省大量的时间和金钱。在这些情况发生之前，需要一种普遍的用例哲学和语言作为用例成功交换的基础。这样，公司之间可以交易业务问题树、数据引擎、分析脚本和方法、可视化模板、项目计划和资源需求，当然也需要适当的所有权和补偿模型。第三部分将说明用例方法如何成为这种演变的根源。

趋势 9

知识管理 2.0——仍然是一个难以捉摸的幻影吗？

在 1979 年由道格拉斯·亚当斯（Douglas Adams）撰写的《The Hitchhiker's Guide to the Galaxy》中，一些高度智能的多维生物创造了一种名为深思想（deep thought）的机器来计算生命、宇宙和一切终极问题（ultimate question）的答案。它们计算出的结果是 42。在这里，我们再次看到了人工智能的第 3 级洞察力。在我看来，知识管理对自我实现的复杂路径可以用类似的术语来描述。

尽管许多软件供应商已经承诺通过完美的知识管理系统、Web 2.0 以及跨越孤岛甚至公司边界的社交协作来实现地球上的天堂，但是纯粹软件驱动的知识管理的结果充其量是平庸的。在几年前，我与律师事务所合伙人的谈话就是这样："我们有很多 Wiki 记录。但是，我估计现在约有 90% 的内容已经过时了。这实际上是很危险的，因为这些内容很大一部分不仅仅是过时的，而且实际上是错误的。系统被堵塞，没有人清理它，因此我们的执业律师正在建立自己的本地目录。我们真的像是制造了一个昂贵又无用的东西。当然，如果你和我们的知识管理人员交谈，他们会告诉你一个完全不同的故事。"

首先来了解知识管理的目标。Wiki 用以下简单明了的方式定义："知识管理是捕获、开发、共享和有效使用组织知识的过程。那些有目的的、具体的且面向行动的知识管理计划可以为个人和组织带来巨大的收益。事实上，关键之处是有目的、具体的和面向行动的特点。

在查看知识管理有什么作用之前，我们必须明白它们的陷阱所在。再次，我需要事先说明，知识管理社区可能不太同意我的观点，但是我正在从终端用户，即那些最后一英里的用户的视角考虑问题。我只是总结了与直线经理（line manager）的几十次讨论的结果，他们正想知道知识管理能做什么事情。我应该指出，有一些"几乎是最好的做法"的典型例子。在很大程度上，这些公司的业务模式是基于知识管理的（例如麦肯锡或波士顿咨询集团（BCG）），或者围绕非常具体的用例已经开发了知识管理解决方案（例如，宝洁公司（P&G））。

"管理研究流程：工作流和自助服务" 用例展示了为专业服务公司构建的解决方案。

20 年来知识管理出现了什么问题？这些口袋里的流沙（pocket of quicksand）去了哪里？为什么每个人听到知识管理会十分畏缩呢？为什么知识管理方面的学术活动甚至会下降？现来看看主要原因。

隐性知识与显性知识。知识有两种基本形式：隐性知识和显性知识。隐性来自拉丁语中的 tace-re，意思是沉默或无语（leave unsaid）。因此，根据定义，隐性知识将不会被编入系统。坦率地说，这绝对不会改变任何系统信息。这是许多人犯的第一个大错误，他们认为系统可以解决这个问题。正如在人机共生分析的讨论中所看到的，第 3 级洞察力和第 4 级知识仍然是思维上的事情。因此，最有趣的思维发现将会被埋藏在人类的大脑里面，一旦大脑决定放弃工作，思维才会离开。当然，为了获得隐性知识，人们已经付出了很多努力，作为正常工作的附加部分，编写各种知识是一项费时费力的、高成本的、大部分徒劳无功的工作。

一个大型的工业客户有一段时间内，每当员工离职时，他们都进行 4 小时的离职会谈，有些人会转录会议对话，并存储起来以供将来使用。而投资回报率令人沮丧，实践被放弃，但是麦肯锡在 20 世纪 90 年代早期已经通过电子知识目录（即谁知道什么关于什么）探究了这个问题。这种做法简单而有效！

洞察力和知识是心智上的事物，激励也是如此。思考一下：机器可以运行知识管理是有根本缺陷的。如果人们没有任何动力去做知识管理，他们也不会去做。因此他们得到了一些非常具体的、有用的东西作为自己具体情景的交换，或者这样做需要组织的激励。

在前者中，投资回收率必须是直接的，而且或多或少是即时的。把一些知识传递到一个中心 Wiki 有点像把你的长大的孩子在地下室橱柜里未使用的玩具藏起来。在你搬家之前，它们很可能再也不会被使用了。

后者最终涉及金钱或促销活动，除非有非常明确的激励措施来创造和分享知识，而不仅仅是书面形式的，否则人们不会无缘无故做一些慈善事业。相比之下，在麦肯锡，合作伙伴的评估 20% 取决于合作伙伴是否提出了新的知识，是否成功地将其应用于客户，并支持其他合作伙伴使用这些知识——猜猜做什么——在客户那边。只要记住三个标准：目的性、具体性和面向行动。

　　"数据和信息" 与 **"洞察力和知识"**：在许多公司中，知识管理只发生在第 1 级数据或第 2 级信息中，伴随着大量的数据湖和昂贵的软件、网络。没有上下文的话，即使在创建时具有第 3 级洞察力的文档也会变成 2 级信息。我们之前讨论过银行的 100 000 个股份驱动力如何能够包含知识? 最有可能的是其中的 99.9% 仅仅是数据或信息。

　　关于洞察力和知识的好处是它们被高度压缩的数据格式，特别是在大数据中。你的营销团队只是分析了 1000 兆字节的数据，最终得出了一个句子："交叉销售主要用于与银行存在大量交易的客户（即客户的大部分资产）。"这个句子大约有 200 字节（有洞察力的）数据量——这才是一个真正的洞察力。它可以帮助人们重点关注所有未来的交叉销售活动，并避免巨大的资源浪费。

　　为了正确的知识管理，你真的不需要大数据，甚至更糟的数据湖。现来看看麦肯锡的知识目录，这可能是知识管理的第 1 个用例。麦肯锡的 11 000 名顾问和研究人员平均在麦肯锡任职 4 年期间，每个人每年都有约 20 项研究历史。每项研究使顾问或研究人员在某种程度上会在每项研究结束时得到一些更新的主题。假设每次研究大约有 1000 字节（例如，顾问或研究人员了解超导磁能存储的经济性，加上一些标签信息，例如日期、学习参考等），这导致了麦肯锡增加了 220 兆字节的数据量。在当今世界，这种数据量可以达到 USB 记忆棒的 1/10。这听起来像一个数据滴而不是数据湖，不是吗? 无论如何，它允许你在几秒钟内找到合适的人来谈话。该人能够给你完整的默认信息以及你可能需要的任何文件或进一步的联系信息。

管理研究流程：工作流和自助服务

背景

组织
四大审计、会计和咨询公司

职能
数据分析和交付

行业
专业的服务

地理位置
北美

商业挑战

- 改进研究和分析工作流，从而提高生产率
- 改善不足的自助服务架构，减少返工和冗余

解决方案

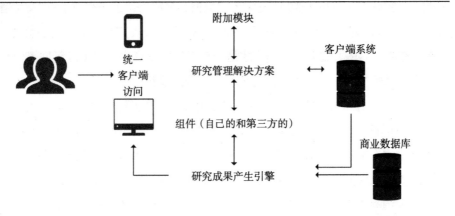

方法

- 创建研究管理解决方案（RMS）
- 构建 RMS 作为内容存储库，以便使内容可以被重用（repurposing of content），并允许自服务
- 建立具有本地计划管理的全球团队
- 由 RM 制定的明确的 SLA 和 MIS 报告支持的治理框架

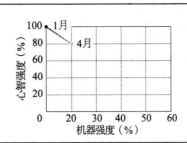

（续）

分析挑战

- 为成千上万的用户提供全球性的研究和分析功能，同时提供一致的体验
- 通过单点登录集成客户的 IT 系统和 RMS
- 创新的工作流管理、分类和报表方法
- 使用多个首选项和规则协调工作流
- 交叉培训和知识管理工具

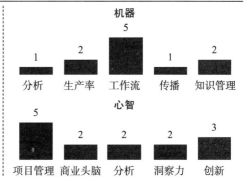

收益

生产率	上市时间	新能力	质量
• 比现有供应商的预期生产率高出 10% • 同比生产率增长约 5% • 在 3 年的合同期内，节省总额约 25 万美元	• 其他网络公司可以即插即用系统，大大缩短上市时间 • 由于良好的过渡计划，不会导致服务中断	• 内部建立和增强基准测试能力 • 重用内容和管理研究工作流的新功能	• 与现任服务提供商相比，具备可咨询和增值服务 • 专业部门支持利用垂直专业知识

实施

- 包括 RMS、InsightBee、生产率套件以及订阅管理自动化工具
- 通过 4 个 FTE 开发 3 个月以上的解决方案，由两个 FTE 在 1 个月内实现
- 团队提供部门研究和分析、信息检索，以及供应商、合同和订阅管理服务

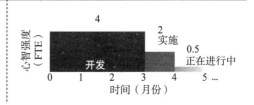

　　如果没有适当的过程来更新每个员工的知识，那么像瑞士的 Starmind 公司可以帮助做这件事情。如果你允许，Starmind 公司可以从你的组织流程中学习。通过监视电子邮件的流动，收集建议或个人之间的互动，可以为你找到合适的专家。它甚至管理极受欢迎的专家工作量，并且具有内置的“遗忘”能力，以摆脱没有胜任能力的专家。

知识管理必须以用例为中心，并嵌入在工作流中。能部署 AI 的可被语言搜索引擎搜索的 SharePoint 驱动器上的模糊文件池是当今很热门的话题。输入感兴趣的内容，搜索引擎会花费 100ms 从 500 TB 的旧文档中找到正确的相关文档，无论它在公司何处以及用于什么方面。这是许多搜索引擎供应商提出的美好愿望，不幸的是，它暂时并不可行，因为有很多障碍。首先许多文件是保密的，并且它应该是保密的（例如客户端情况下的咨询研究）。但是机器将如何确定文件是否仍被视为机密？如果是包括市场动向的信息，一个错误可能会花费数百万甚至数十亿。文档如果没有相应的上下文，就很难理解，这些上下文在 Excel 表单或 PowerPoint 演示文稿中很少会被描述。即使文档仍然相关，它也很有可能是错误的文件格式或模板，需要对其做大量的工作才能使用。因此，通用搜索引擎几乎不会产生可用的东西，或者带来每个人都希望的生产率优势。其中有太多需要相关度排序的误报，并且 90% 的文件有可能是过时的。

如果知识管理涉及具体的用例，且用例背景是清楚的，例如资产管理中的养老基金，或咨询公司的知识目录，然而这种情况在发生变化。为什么？关于具体用例的知识管理（例如，养老基金的销售流程或找到关于超级磁能存储知识的合适顾问）是非常成功的，特别是如果将知识管理内置到正常的工作流中。在这种情况下，机器可能会建议法律披露（legal disclosures）的更新块，因为销售人员正在说教，每个在说教的人都可以获得相同的最新法律披露。这就是有效的知识管理。

知识管理需要一种"自动死亡"功能。数据、信息、洞察力和知识具有不同的半衰期水平，正如在趋势 1 中所看到的：这段时间对于数据和信息来说可能是几天或者几周，对于真正的洞察力来说可能是一年，对于真知灼见来说可能会达到 1～5 年。如果将这一点与典型的知识管理系统大量存储数据、信息而知识仅占很小一部分的事实相结合，那么很明显，大多数知识管理系统的内容中 95% 是过时的数据和信息，且再次使用这些数据和信息的可能性非常低。然而，这种无用的数据往往有黏性，堵塞了系统，因此越来越难找到真正的洞察力和知识。这 95% 的数据和信息可能会随着时间的推移变为 99% 或 99.9%，人们因此变得沮丧并开始构建本地 Wiki 和 SharePoint 文件夹。这就是著名的海底捞针类比。

供应商和内部数据科学家团队将会说，你应该花费数百万美元购买现代人工智能、语言搜索引擎和一些智能数据仓库。然而，通用 AI 引擎找不到正确的洞察力和知识块,或者即使找到了它们,它们也被隐藏在大量的误报中。当然,供应商会说错误肯定会被优先定义和考虑的。但是还有一个更根本的问题:优先级取决于上下文和许多隐性的知识,而不是通过定义存储在某个地方。将这一点归咎于 AI 算法并不公平。算法如何根据数据中甚至不存在的事物来确定优先级呢? 我们可以看到,这是所有这类方法的固有问题。随着时间的推移,这些系统不断堵塞,几乎像一个不会疏通的污水系统,或像阿斯旺水坝或三峡大坝这样的人造水库,数以百万计的沉淀物减少了系统的运营能力。

这些系统需要的是"第 1 ~ 4 级"的"自动死机"功能,通过该功能可以擦除或至少自动归档未使用的数据。当然,这需要标注任何收集到的分析历史。因为这样的功能几乎不存在,所以今天的系统不断地堵塞。

分析用例应得到适当的知识管理。在第一部分的图表部分,我们计算了世界上约 10 亿个主要用例。令人惊讶的是,公司几乎对所有内容(例如电子邮件、PowerPoint 演示文稿和 PDF 等)进行知识管理(或数据管理),而不是分析用例。当然这样是无效的。每个人似乎都很高兴进行了分析,但是却没有系统的端到端知识管理流程。

当然,大型数据平台的软件供应商允许你创建为他们的软件平台编写的代码库,但是对于用例管理没有适当的基础设施。鉴于目前正在进行的分析用例的爆炸式增长,这将为平台无关的供应商创造一个很大的机会。第三部分将详细讨论相关方法。

目前,有一个巨大的诱惑,即可以将大数据和社交媒体数据添加到 1 级和 2 级的知识管理中。但是知识管理 2.0(KM2.0)应该侧重于洞察力,即"什么",以及元层次的学习,即"谁知道什么是什么?"或"我在哪里可以找到真正的来源",而不是存储基本数据或信息,所以这只会导致努力的浪费和巨大的沉没投资。

再来看看这三个词:目的性、具体和面向行动。这三个词是任何知识管理活动的测试方法。

❑ **目的性和具体**:没有明确的目的,就没有知识管理活动。例如,麦肯锡知识目录具有高度集中的用例:将隐性知识带入客户群。两页纸的某项研究报告以净化(sanitized)的方式捕捉了这些活动的实质,并向提供给所有其他顾问。关键是只有知识被捕获,而不是所有用于导出知识的数据。职能部门和行业做自己的知识管理，以改进提案和方法。麦肯锡正式化其分析用例，知识管理以高度集中的方式在这些用例中进行。

❏ **面向行动**：激励机制使得麦肯锡的每一位合作伙伴和顾问都有非常强烈的动力分享知识。在这种情况下共享意味着"与客户成功交付"。

知识管理一般来说在过去的时代并没有发生很大的发展，笨拙的系统破坏了知识管理的概念。然而，智能组织却从知识管理中受益匪浅。KM2.0 将思维置于中心位置，正确设置激励措施，并用有形输出定义非常具体、可管理的用例。有趣的是，这些模型已经在 20 世纪 90 年代开始工作，但是之后才提供细致的 IT 支持。

知识对象作为架构。当然，如果选择合适的流程和架构，当今的技术可以用理想的方式支持 KM2.0 战略。例如，InsightBee 使用基于知识对象的信息架构。什么是知识对象？它是知识的单位（包括数据、信息和洞察力）。例如，它可以是包含瑞士隧道设备市场演示文稿执行摘要的文本框。然后，该知识对象可以用许多元信息进行标记，例如所有权、原始的作者身份和之后的更改、有效性的上下文、使用历史和自动存档的可能数据。这种基于标记的架构允许存储上下文信息，使搜索更加智能。

我知道这过于书面化，所以现来举一个例子。你三个月前写了一个 PowerPoint 演示文稿。其执行摘要已被标记为"executive summary"，也就是说有一个虚拟的标记挂在上面，写着以下内容：你在 2016 年 6 月 3 日写了这份报告，它是在金属镀层部分业务战略评述的背景下对美国相关市场的研究；你的一个同事在 2016 年 10 月 10 日修改了该摘要；将其分发给部门的高级管理人员；这 57 个人自从你的知识对象产生就已经查看了它们（不是整个演示文稿）；你的一些同事对这个特定市场做了一些有价值的评论，给出了更多的上下文。它还同样表明，你的知识对象受到了大家的喜爱，直到 2017 年 10 月 10 日才会"自动死亡"。它还包含了与原始演示文稿的链接，而不仅仅是知识对象。当然你不需要主动去写所有的标签，系统设置会自动生成它们，或者在缺失的时候提示你生成标签。

现代 KM2.0 是以人为中心，存储了较少的数据和信息，把注意力集中在第 3 级和第 4 级，支持驱动具体行为的知识管理用例，并使用更现代的架构，例如知识对象架构，来实现类似审计跟踪的有用功能、更好的搜索优先级以及把知识放在合适的背景下。第三部分将更详细地讨论知识管理的主题。

趋势 10

工作流平台和流程自动化分析用例

本部分关于工作流、自动化和分析的关系有点像"Star Wars"中宇宙和"力量觉醒（The Force Awakens）"的故事。这部电影发行于 2015 年，也就是"Return of the Jedi"发行后 30 年。在那里，叛军正在与一个新的邪恶帝国斗争，此时的一级命令便是使用光剑，这是一种需要很强的技术才能使用的个人武器。而我们那些分析技术的人正在用越来越多的分析用例解决复杂的问题，这些用例使用那些非联网的、有许多笨重接口的简单工具来分析，这使得它们不可能被一般的终端用户使用。

自 20 世纪 70 年代电脑自动化以来，大规模的工作流和流程自动化一直正在进行中。在一个较小的范围，这些工作其实早先就已经存在了，例如当艾伦·图灵（Alan Turing）建立了第一台破解德国人密码的计算机的时候。这意味着历史上第一批自动化技术被用于用例分析——破解德国人的密码是纯粹的数据分析和数学问题。

此后，为简单的业务流程创建工作流和自动化，例如在开设银行账户或从电信运营商订购宽带连接等方面取得了很大进展。类似这样的工作流已经由用例大量地创建，用于这些软件和工具的金额也令人吃惊。研究公司 Technavio 表示，到 2020 年，该地区的市场可能达到 940 亿美元 [16]。

出于这个原因，分析用例有很大的潜力支持这种相对简单的工作流和所谓智能材料的自动化，从而实现杠杆效应。分析用例可能甚至不需要花费太多的努力来设置，但是可以通过智能路由或更智能的决策制定来实现整体工作流的节省或改进。这种分析获得成功的一个关键条件是可以将其嵌入端到端工作流中，然而，许多小规模的端到端分析用例根本没有得到有效的自动化。"资产管理自动化：基金便览"用例便展示了一个隐藏潜力的很好例子。

这么做的好处是惊人的：减少了 75% 的人力工作量，提案时间缩短 30% 以上。这些好处甚至还没包括提高质量，在合适的国家使用符合法律的披露减少法律风险，以及聪明员工的机会成本降低，从而使他们可以把重点放在增值活动上，而不是无聊的手工工作。这个例子中的关键是显而易见的，员工可以为他们的用例获得端到端的解决方案（即他们不需要在未连接的工具之间来回切换）。你可能已经猜到了，这真是最后一步了。

第一部分表明，有大约 10 亿个左右的分析用例，或多或少几个（give or take a few）。最大的已经是自动化的，并且是一些工作流的一部分。目前很难估计尚未自动化的中小型企业的份额，即使另有 20% 的企业可以从灵活的自动化以及嵌入工作流中获益，也可以产生大量的投资回报。这甚至不能解释物联网或新业务问题产生的所有新用例。

只是为了再一次说明端对端的特性，现以银行为例。

并非所有的用例都具有足够的规模来实现端对端的工作流或自动化。它们可能太多变或太复杂，构建这种引擎的投资回报率根本不够高。然而，即使在这种情况下，也有很多小机会来提高生产率、上市时间和质量，或者建立一些根本无法提供的新功能。可以收集这些功能并将其集成到嵌入式带状格式的优化平台中，其中包含最多可以在需要时调用的 20 或 30 个微功能。一个很好的例子是投资银行功能区（见"投资银行：自动化日常任务"用例）。它显示了 20 个不同的功能如何组装成这样的功能区，并且嵌入到每个初级银行家的桌面上。我们前面讨论的清洁 Logo 用例只是其中的一个功能。

当然，这样的优化套件与大型端到端平台的改进潜力并不相同，但即使这样，累积的收益也可以达到几十个等量的全职工作（FTE），具有令人惊讶的高投资回报率和附带收益，例如更加丰富的工作、更快的上市时间或审计追踪。

资产管理自动化：基金便览

背景

组织
投资银行

职能
资产管理营销团队

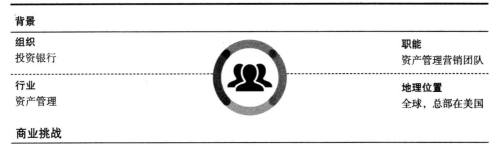

行业
资产管理

地理位置
全球，总部在美国

商业挑战

- 自动化和协调生产过程的基金便览和营销演示

解决方案

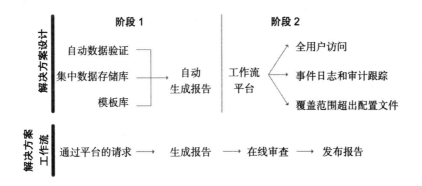

方法

- 开发了自动生成报告和模板管理的原型解决方案
- 用于优化现有工作流的标识区域
- 与客户团队合作，建立自动化数据验证规则集
- 创建结构化存储和模板库
- 简化数据访问和数据映射，并创建了单个数据存储库

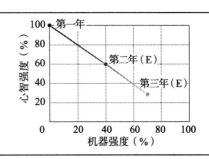

（续）

分析挑战

- 来自多个不同来源的信息输入最终输出
- 在每一步都进行手动调整和验证，导致前置时间过长
- 法律审查和批准涉及纸质信息交换、多次迭代、无审计追踪

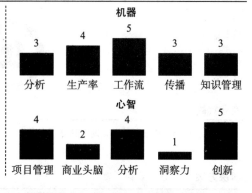

收益

生产率	上市时间	新能力	质量
• 自动化每个报告节省 1～3 个小时 • 同时生成带有相同基本数据的报告 • 简化校对过程	• 基金便览草案的时间从 2～3 天减少到即时 • 总时间从 12～16 天减少到法定审查所需的时间	• 工作流、披露和模板管理 • 审计跟踪和版本控制 • 基于用户的数据控制 • 流程合规性 • 自动警报	• 归功于基于规则的映射和自动数据验证，无数据错误

实施

- 简化数据采集流程
- 自动数据整合
- 创建用于自动生成报告的工具
- 定义数据治理和控制流程
- 简化质量控制流程

每季度	报表	自动化前（小时）	阶段1（小时）
档案	22	219	139
演示文稿	19	76	38
战略更新	6	15	8
季度业绩摘要	1	10	1.5
总计		320	186.5

采购工作流：管理和开发供应商

承担一个新的供应商业务的简单任务（即将新的供应商加载到 IT 系统上，以便企业可以与供应商进行交易），必须进行一些工作流，例如基本数据收集上传（付款地址、银行账号和联系方式等）到更复杂的工作流，例如检查合规性（例如，确保有正确的健康和安全认证，或员工保险一切正常）。

这些工作流自动化的性质正在改变采购方式。在过去，采购部门的重点大多是提案（RFP）或招标，即采购方面要求他们提出建议并引用一系列需求。然而，随着工作流自动化在这些采购领域得到更广泛的应用，重点正在改变为一开始就与利益相关者合作，以了解业务需求，然后管理和开发供应商。

一个致力于自动化采购流程结束以及管理和开发供应商的公司是 State of Flux，它的工作重点是组织在与供应商打交道时，提供标准的供应商体验（思考客户经验，但是为供应商提供反馈）。鉴于现代组织的复杂和全球性，实现这个目标的唯一方法是标准化和自动化工作流。

为此，State of Flux 公司开发了 Statess，该系统使用工作流自动化来支持组织在 5 个关键方面管理供应商：合同、风险（包括供应商脆弱性、认证和合规性以及供应链风险）、绩效、创新和关系。通过 Statess，State of Flux 公司分解了与上述每个方面相关联的复杂工作流，并对其进行了自动化。

例如，创建一个关键绩效指标（KPI）：采购应首先了解此 KPI 在层级中的位置，以获得平衡记分卡。这需要对每个 KPI 进行加权，以了解其在整体平衡计分卡层级中的影响。为了将这个 KPI 与其他人进行比较，需要对其进行归一化，State of Flux 公司通过测量分数目标，将 KPI 的状态转化为百分比。除了具有分数和目标百分比之外，还需要阈值，以便你可以看到 KPI 何时超出可接受的限制（红色）或快要超出可接受限度（琥珀色）。

虽然这比较复杂，在处理单个关键绩效指标时可以实现这一点，但是一些公司和供应商关系可能会在其平衡计分卡内产生数百个关键绩效指标。反之，则可能有成百上千的供应商关系。数据量变得巨大，所以使此任务可管理的唯一方法是通过像 Statess 这样的系统进行自动化。否则，你将失去控制权，让供应商自行管理，并为你提供它们的 KPI 或平衡计分卡。

——Alan Day，State of Flux 创始人

　　Evalueserve 公司已经创建了一系列可以绑定到模块化结构中的 400 多个自动化宏的系统集合，这使得人力工作负荷在整体水平上每年下降 5% ～ 7%，特定情况下可达 99%——此时某些迷你进程整体已经完全自动化，当然不是在所有地方都是这样。这些功能更多是关于流程的知识，而不是费力去开发软件。这里是供应商专门收集了很多经验的地方，但是内部单位（例如 IT 部门）通常根本不是最新的。对于专业的供应商来说，这看起来非常直观，甚至在呈现给客户时仍然会产生一些惊喜。

　　本部分的重点不是充分解释分析中的工作流和自动化。这根本不可能，因为这个领域太广泛和复杂了。但是你应该知道，工作流和自动化是改进的大工具，你现在应该可以询问内部团队或供应商为什么它们不提出这样的自动化套件且没有被质问呢？以及为什么要在内部建立一切？

投资银行：自动化日常任务

背景

组织		**职能**	
投资银行		并购咨询和资本市场	

行业		**地理位置**	
金融服务		全球	

商业挑战

- 提高推销手册构建流程的效率
- 自动执行只增加低价值的任务，包括从内部源和外部源收集信息，以及在 PowerPoint 幻灯片中创建表格和图表

解决方案

思维机会

- 规范财务分析框架
- 定义知识管理的知识对象架构
- 识别重用机会
- 定义访问知识库的规则

机器机会

- 创建智能搜索引擎和知识库
- 设计网页抓取器
- 设置智能警报
- 创建标准文档创建工具
- 构建行业仪表盘

流程重新设计

- 构建工作流和队列管理工具
- 介绍在线协作工具
- 实施基于云的 comps 构建器
- 重新设计流程

方法

- 设计工作流和实施的工作流工具
- 各部门和办事处的标准化模板、分析方法
- 确定重用机会
- 实现了具有访问控制的知识管理平台
- 确定重复和低价值的任务，需要大量的人力投入以及自动化

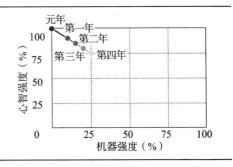

（续）

分析挑战

- 缺乏集中的知识库，使得更难重用内部知识
- 没有基于知识对象的架构以有效重用
- 跨行业和办事处没有标准的财务和分析框架
- 费力手工收集基于网页的数据容易有误
- 在非增值活动中的大量人力成本，包括常规分析和格式转换

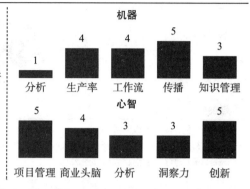

机器

| 分析 | 生产率 | 工作流 | 传播 | 知识管理 |
| 1 | 4 | 4 | 5 | 3 |

心智

| 项目管理 | 商业头脑 | 分析 | 洞察力 | 创新 |
| 5 | 4 | 3 | 3 | 5 |

收益

生产率	上市时间	新能力	质量
• 整体生产率同比提高 5% • 通过自动化节省高达 75% 的时间	得益于工作流和自助服务知识管理平台，整体周期下降了 20%	• 通过新的分析和商务智能工具实现业务发展支持 • 交易团队内的在线合作	• 提高从网络收集的数据的准确性 • 标准准则导致一致的质量

实施

- 实施
  - 第 1 年实现工作流
  - 第 2 年实现知识管理平台
  - 第 3 年微型自动化实现（例如通信自动化、网页爬虫和格式化工具包）
  - 在第 4 年和第 5 年实现更复杂和定制的工具（例如客户关系管理警报、comps 构建器和推销手册构建器）以及基于知识对象的架构
- 早期自动化产生了大量的节省。后来的动画由于其复杂性而赋予了高价值，但是节省的成本较少

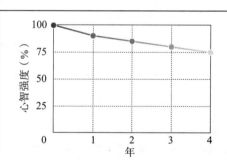

趋势 11

2015 ～ 2025 年：人机交互的兴起

在电影《钢铁侠》中，使用了酷炫的全息技术来设计人物角色，用人物的声音、眼睛来控制飞行和武器系统。显然，托尼·史塔克与机器之间的交互近乎完美，唯一的缺憾就是装备还要读取他的想法。

在现实世界中，一些无人机控制系统和战斗机上的电子设备与它们的飞行员之间的交互能力可能已经达到了这样一种水平——通过使用增强现实技术把图像投射到他们佩戴的头盔上。当然，这些系统的开发已经花费了数十亿美元，而且大部分由国防工业推动。其中的一些技术现在已经变成了民用的用例。例如，高档汽车工业已经使用了这种技术使得汽车驾驶更安全，并且向驾驶员提供信息。一些比较先进的设计让普通人都能够使用了（例如 Ouclus Rift、Google Glass、微软的 HoloLens ，以及即将出现的仿生隐形眼镜）。软件工业也投入了很大的精力开发支持可穿戴设备的工具包，这些可穿戴设备有着非常广泛的应用（例如考古、建筑、艺术、商业、结构、教育、游戏、设计、外科手术、导航、体育和旅游）。不久以后，即便是寻常百姓也会在日常生活中使用这些人机界面。毫无疑问，像 Facebook、Google、Amazon 这样的信息巨头正在为争夺主流消费者开展激烈的竞赛。

显而易见，机器是重要的，但是为了让机器更有效率地工作，人机界面则显得更重要。马丁·福特和杰瑞·卡普兰在其各自的著作《 Rise of the Robots 》（Basic Books，2015）和《 Humans Need Not Apply 》（Yale University，2015）中描述了未来少得可怜的工作岗位。他们肯定，在某些工作种类中，所有的工人都将被机器人取代，但是正如第一部分讨论的，不论是在现在还是将来的很多工作种类中，在很长一段时间内，人类扮演着一些角色。因此仍然需要有效的用户界面。

本书不是讨论关于机器人或者工厂的，而是关于 10 亿个分析用例。当然，所研究用例的很多接收端可能是机器，尤其是物联网中的机器。但是在大多数的用例中，人类决策者往往是充满希望的请求者和有着第三级洞察力的接收者，所以分析型的机器需要与人类决策者沟通的人机界面。那么在过去的 15 年里这样的人机界面都包含哪些内容呢？为了准备写这本书，我访问了很多的同事和用户（80% 的专业人士，20% 的非专业人士），询问了他们喜欢的界面是什么样子，以及他们认为当前的用户界面存在的问题等。为了理解他们的回答，必须先了解他们是谁以及他们需要什么，对此，可以从用户体验设计师那里获取一些帮助。

用户体验设计师在他们的工作中创建了一些人物角色。也就是说，他们描绘出了一些真实的人物来代表特定的用户。例如，角色 1 可能是迈克，年龄 50 岁，不是很懂技术，是总部设在美国东北部的一家商业银行的销售经理，管理着 10 家分行。角色 2 可能是玛蒂娜，Y 世代，年龄 30 岁，不太懂技术，德国移动磁共振成像设备维修业务经理。这些角色甚至还有相应的图片，使得他们看起来更像是真实存在的人。

用户体验设计：良好的用户接受度的先决条件

用户体验不是设计中的一个环节，而是所有部分的组合，包括产品在内的所有组成部分都对产品的整体用户体验有影响。从用户的需求开始，需求往往是由一个企业、一个组织或者企业家确定的，值得他们投入一些时间和精力来解决的问题，这也是即将到来的变化驱动力所在。有远见的设计者相信用户体验会影响品牌的个性，并且他们会致力于提高用户体验。通常最让用户开心的是一个产品用户界面美观、浏览和交互便捷。前端设计者会提交一个具有可移植性和可流动性的界面设计方案，确保它可以在多种不同的设备上同时工作。后端设计者将会提交一个具有高速度和高效率的数据处理方案，来确保用户不会花费太长的时间去等待数据的加载，并且能够收到所提交请求的响应。用户体验设计者的职责是参与端到端地定义一个产品的流程，并且与用户共同测试其可用性与适用性。某些职责可能会合并为一个，但是所有的这些都对任务的定义有所影响，并且最终影响到产品用户接受度。

——Neil Gardening，Every Interaction

人物 1：迈克

他可能会这样说："我没有太多的时间，也非常讨厌管理工作。我也不是那种天才，拥有地球上所有的应用。我想要用一种简单的方法来获取想要知道的事物并与之交流，我希望在日常工作中，当我需要的时候，"系统"（不管是谁）能够以一种易于使用的方式提供给我。我不想要很多的表格或者文件，只是想要知道结论应该是什么（例如，我的领地相比其他的是不是正在下降）。我实在不想在我的电脑上打开 3、4 个不同程序，然后在它们之间反复地复制、粘贴文件。一旦我做了某个决定（例如，对某些事做了授权），必须要很容易地将它进行归档并且传达，在将来要用到的时候，我也要很容易地找到它。此外，如果某些部分被更改了，也要通知我。必须要有一个非常简单的方式，让我与提交分析的人交流，像打乒乓球一样地播放语音邮件会使我与团队像个傻瓜一样。最后，我也想让核心团队理解我在做什么。"

人物 2：玛蒂娜

她可能会这样说："我的大多数时间都花在了路上，我需要能够远程访问所有的数据，并且希望数据能够以一种移动端友好的方式展现在我的手机上。我的活动能够被自动地记录，这样我就不用花费太多的时间管理数据。当重要数据改变的时候，我需要得到提醒，而不是让我重新登录程序，花费大量时间去查询什么数据改变了。当然，我的 3 个重要应用需要能够充分地交互，这样我就不需要重复地输入请求。授权信息能够以电子形式进行传达，我可没有时间一直跟我的老板打电话询问。我想要手机应用上有实时聊天的功能，但是这种功能的效率十分低。当然，审计追踪需要自动完成，并且我的活动记录要自动地发给我的老板和客户。"

迈克和玛蒂娜在当前这种条件下达成了一致。总而言之，我们可以说，在过去的十五年中，用户体验在用例分析中几乎没有被考虑，更不用说更早的时期。大多数用例仍然通过事后浩繁的（post facto voluminous）Excel、PPT、PDF 的形式分发，缺少结论性的数据和事件驱动形式的提醒，需要做太多的不必要的管理工作，应用之间缺少互动，决策没有被集成到工作流中，所有事情都需要用电话交流，工作日程中衍生出低效率的循环。迈克和玛蒂娜也希望核心团队更好地理解他们的日常工作和需求。他们认为，为分析用例设计好的用户体验对于提升终端用户的接受度来说是非常重要的。坦率地说，用户体验的设计可以决定数据分析成功与否。现在的情况看来却是相当凄凉。

　　这些是生产线管理人员犯了最后一英里综合症的典型表现。如果你去问核心团队，将会得到不一样的答案，他们会说生产线管理人员不清楚需求，他们试图完成不可能办到的事情，完成这样一个内部项目将会耗费 IT 部门巨大的预算。他们没有足够的资源来满足所有的这些需求，因此合规性是个关键因素，系统之间在地理上、业务上的交互是一个很好的美梦。然而，你很少听到有关用户体验或者人机界面的主题。的确，很多的约束条件都是真的，但是至少对于可操作的用例，用户体验是非常重要的。

　　有趣的是，咨询界似乎已经唤醒了用户体验这个主题，并且收购设计公司似乎成为了一场竞赛。麦肯锡在 2013 年与卢勒（Lunar）设计公司合作之后，在 2015 年将其收购。尤其是当麦肯锡的数字实验室跟卢勒合作之后，开始了人机接口和数字化的用户体验设计，事情也变得更加有意思。麦肯锡在它的网站上说工业设计和用户体验设计的关系非常密切。当然，这就是人类如何与产品交互。这些产品是数字化的或者是实体的并不重要。埃森哲（Accenture）看中了设计公司 Fjord 的"数字商务转型"业务，并于 2013 年将其收购。谷歌（Google）和 Facebook 并购了 Mike & Maaike 和 Hot Studio，Adobe 也收购了设计公司 Behance。设计公司的文化与咨询公司的文化很不一样，这也可能是为何不能与所收购的公司完全整合在一起的原因，但是这样也保留了一些自主性。Evalueserve 公司没有收购任何设计公司，但是它的用户体验设计工作是与美国的 Infusion 和英国的 Every Interaction 紧密合作完成的。

　　很显然，为什么都在急于收购设计公司，对于一个分析用例而言，用户体验设计很可能决定该用例成功与否。"人机交互的兴起"是真实的，也在分析的范畴内。

　　"人机交互：游戏控制器"用例展示了几个有创造力的学生如何用人机共生的方式让他们的生活变得更轻松，一个用巧妙的底层代码编写的优雅界面，让他们能够在睡梦中征服在线游戏世界。即使电脑不在身边，程序也能自动地帮他们玩游戏。玩家只需要每天设置几次策略，然后几个协同游戏控制器就会代表他们自动执行命令。几周以后，这几个学生就达到了游戏世界的顶尖水平。

用户体验：以用户为中心的敏捷开发

　　如果你在一个独立开发的项目上投资数百万，而这个项目是基于一些假设

并且由一个不与用户打交道的技术团队领导，那么这个项目注定要失败。用户体验的任何一部分都可能使用户流失，并且让他们变成你的竞争者。

在线状态下，哪怕极小的一个毛病都可能影响用户对一个服务的感受，加载时间、不必要的问题、错误的链接、不可信的东西、不恰当的语气或者过多的图片，这些都会使得该服务难以完成它们的基本任务。用户的时间是珍贵的，他们可以很快离开这个服务，正如他们可以很快进入该服务。

在商业环境中，如果用户在日常工作中必须使用一个设计得非常差劲的软件，他们可能不会轻易地离开，你可以想象到这种软件对他们工作效率的影响，不是提高了工作效率，而是变成了阻碍效率的绊脚石。

每个用户对于你公司的品牌或者产品都有很多的接触点，线上交互和线下交互都是用户感受你公司服务的渠道。如果你提供良好的在线订购体验，但是包裹迟到了很久或者商品与用户预期的不符，那么除非你收集反馈加以学习并且做出改变，否则将造成客户流失。

如果你采取了以用户为中心的方法，用户会尽快接受，并且这些影响对于公司进一步发展、开支减少以及盈利都是很重要的。近几年，实践中最好的发展模式已经在这种孤立的方法上得到了进一步的发展。敏捷开发是快速构建、快速部署，这样假设才能够得到检验。但是与此同时，用户体验设计者、企业家和业务分析员可以通过增加对终端用户的理解来解决业务上的关键挑战，围绕用户要做什么建立工作流，快速转移到测试交互原型。

尽可能早地在用户那里测试你的产品有一个很明显的优点，告诉人们某些东西会有多棒与让他们真正使用这些东西完全是两件事。这也是你需要快速学习的地方，你的团队构建产品的开发流程不是一年的事。用户体验不是锦上添花（the icing on the cake），它需要从一开始不间断地贯穿产品的整个生命周期。

——Neil Gardening，Every Interaction

人机接口：游戏控制者

背景

组织	职能
Eric 和 Flo	机器人和接口

行业	地理位置
在线游戏	欧洲

商业挑战

- 借助机器人促进人机交互
- 自动化平常的任务，让玩家更关注于重要的任务
- 当玩家离线的时候代替他们玩游戏
- 代替用户自动解决验证码问题

解决方案

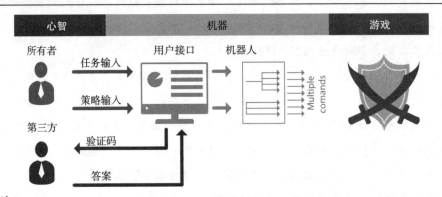

方法

- 为尽可能多的输入设计的接口（点击、鼠标移动、键盘输入等）
- 用设计好的机器人记录和规划众多的活动
- 实现好的复制功能来减少玩家的游戏时间
- 介绍 HTML 的读取和执行算法

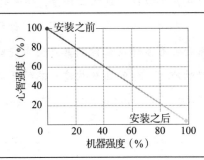

(续)

分析挑战

- 在数千行 HTML 文件中分析并找出规则
- 为用户开发快捷方式
- 在多个战略和战术层面开发控制器界面来处理人工输入
- 代替玩家解决验证码问题

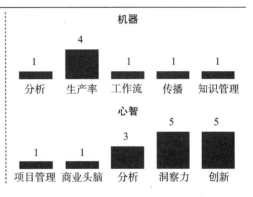

收益

生产率	上市时间	新能力	质量
• 节省 70% 的时间 • 玩家离线时机器人继续工作 • 机器人的自动回应比人工输入更具有及时性	• 20 个小时的开发时间	• 在玩家离线时由于效率的提高所带来的得分能力	• 非常积极的结果——在全球游戏排名中名列前茅

实施

- 受法律和伦理的影响，非常有限的实现
- 作为设计良好的界面能提高效率的证明，它是成功的
- 机器人用 20 个小时的编程时间来开发

趋势 12

敏捷，敏捷，敏捷

敏捷方法最初是由 IT 行业为了开发软件而发展起来的，而现在几乎完美地适应了快速的用例分析。敏捷方法曾经应用于 InsightBee，为其带来了速度和灵活性。敏捷方法有几个主要的优势，在进行了多个开发周期之后，我们发现了 5 个最显著的优势，具体如下。

1. 通过各种因素缩短上市时间：这里有一个最小可行产品（Minimumm Viable Product，MVP）的概念。特别是在当今生活节奏快速变化的世界，在许多行业中，真正的全球性竞争、速度才是关键。MVP 1 定义了一种可能有市场的最简单的产品：没有很多花哨的东西，只是具有早期采用者最需要的产品的本质。在产品将来的演化过程中，将会添加一系列的其他功能。以 InsightBee 为例，与用经典的开发方式相比，可能节省了 75% 的时间。

2. 功能上的快速演化：敏捷方法使用"冲刺"的方式添加新的功能或者调整已经存在的功能。就 InsightBee 而言，我们在两年的时间内，以 3 周为一个周期进行一系列的冲刺。所有的冲刺都是基于市场反馈的，这使得我们可以根据市场的需求调整产品。尤其是介绍新的用例时，当终端用户真正看到产品的时候，他们可能会有新的需求或者改变一些功能，那么很有可能最初的说明会发生变化。根据以往的经验，我们不能寄希望于让用户在细节上完整地描述他们的需求。可以试想一下，当描述一个不存在的东西时，你会怎样描述？这就是产品开发的非线性和意外（serendipity）。尽管有一些内部 IT 部门或中心数据分析单位会处理这些指导方针，但是人们总是以迭代的、直观的方式工作，而不是以 100% 的确定性和直线性的方式工作。许多以缓慢、过时的方式处理的分析用例都因为没有考虑到这个基本的人性特性而最终失败。

3. 快速获取用户反馈的能力：这类似于快速原型。基于 MVP 1 的大致框架可以在几周或者几个月内勾勒出来，当然这取决于用例的大小，这个框架都是一些简单的图形，并不是用户体验的功能性表现。终端用户在很早以前已经有了很重要的投入，这避免了将来大量不必要的重复工作。一旦可执行的产品准备就绪，终端用户可以测试产品的功能和工作流，这对于产品的接受度来说是非常重要的。

4. 为未来的生命周期设计的灵活性：敏捷拥抱变化。并不是说敏捷倾向于变化，而是说敏捷为了应对变化做了结构上的准备，分析用例完全适应这种特征。业务问题、数据反馈、用户需求以及组织结构都会发生变化。敏捷开发的这个特性节省了大量的时间、金钱以及精力（mind resource）。用例的生命周期管理很重要，据分析，早期的开发成本可能只是生命周期成本中相对较小的一部分。在使用刚性结构开发的用例中，生命周期成本可能比早期的开发成本要高，这取决于分析用例的动态性。

5. 敏捷平台支持用例组的可伸缩性：InsightBee 是敏捷平台的一个很好的例子，连续生产的产品可以用越来越短的周期发布。尽管最初的平台需要大概 6 个月的时间开发，但新用例的连续发布已经降低到了 6～8 周。而且，为该平台创建的基础核心功能对于该平台上的所有用户都即时可用，实时聊天的例子很好地展示了这一点，实时聊天一旦被引入，所有的用户都能立刻享受新功能的好处。该平台的方法也简化了生命周期和项目组合管理任务。

敏捷还延伸到将事情做完的组织概念，哪个 IT 部门可以让人信服，声称拥有所有必要的技能？敏捷允许不同的参与者以灵活的方式嵌入。对于 InsightBee 来说，我们很快就意识到没有掌握要用到的所有技术，即使在印度，Evalueserve 公司也没有一个非常有能力的技术组织去实现交付仪表盘、门户、宏、生产套件以及其他工具。因此，我们在结构设计和总体项目管理方面与瑞士的 Acrea 公司合作，在代码开发和集成方面与瑞士的 MP 科技公司合作，在用户体验设计方面与英国的 Every Interaction 或美国的 Infusion 公司合作，在搜索引擎优化方面与 Kaizen Search 公司合作完成，在人工智能方面与瑞士的 Squirro 公司合作，在内容与活动设计方面与英国的 Earnest 公司合作，还与另外一些伙伴在其他功能上有合作，例如中文自然语言处理（NLP）。Evalueserve 公司的核心 IT 职能部门聚焦在技术集成和内部系统的界面设计实现（例如，财务或客户关系管理），Evalueserve 公司的市场部门专注于内容和活动的快速敏捷集成。

这种方法非常类似于汽车工业，它为一级子系统（例如力量训练）使用一级的供应商，为二级子系统（例如变速箱）使用二级供应商，为三级子系统（例如变速箱的组件）使用三级供应商。大汽车制造商更专注于产品设计、装配和营销，而不是试图拥有内部完整的价值链。鉴于大量的用例和需要的技能类型，使用类似的开发方法的专业人员的分层合作关系将对未来的人机交互至关重要。在一个 CRM 用例中，我们正在处理这种需求，客户希望通过将业务开发的多个服务添加到平台上，从而改进 CRM 数据的价值。对于这个用例，我们正在与 CRM 集成商、用户体验设计机构和 NLP 提供者合作。

当与 Acrea 公司在解决方案的架构方面紧密合作时，我们邀请他们对用例表达一下看法，从 IT 体系架构和程序管理的角度描述关键的方面。

支持敏捷的 IT 体系架构

现在敏捷在任何数字商业项目中都是流行词。敏捷团队可以在短时间内快速地实现新的业务功能，并在整个开发过程中测试用户的接受度，从客户的反应中进行学习并迅速将所学的知识融入到产品中。

这种方法的主要挑战之一是设计一个不落后的 IT 体系架构。在传统的 IT 世界，遗留的系统经常建造成类似独块巨石的结构（就像一个巨大的大型机或其他包罗万象的服务器端应用程序），实现 80% 以上的业务功能。在许多情况下，这种单独的应用程序作为单一的逻辑可执行程序来构建，并且不遵循模块化的方法。

一个独块巨石似的设计阻碍了敏捷开发。对独石型应用程序的变更请求必须序列化，不幸的是，单一开发团队的任务列表经常会被堆积到月球上。现代的 IT 体系架构是建立在绿地上的，例如 Evalueserve 公司的 InsightBee，它是一种更好的支持敏捷性和灵活性设计的平台。

当开发 InsightBee 时，我们尽可能地解耦和模块化。每个组件都必须是自包含的（self-contained），包括拥有和管理自己的数据。为了实现这个目标，必须为所有的组件界定业务领域和业务功能（见图 2.5）。例如，一个组件包含所有与客户交互的功能（登录、订购、警告等）。另一个组件处理营销信息（处理研究请求，并方便人机交互的有效处理）。甚至还会有一个组件专注于知识对象和知识文档的有效性管理。所有组件封装了一组清晰定义且又紧密相关的业务功能集。

并且为了进一步简化问题，所有核心组件使用相同的成熟技术堆栈（操作系统、支撑应用程序等）。

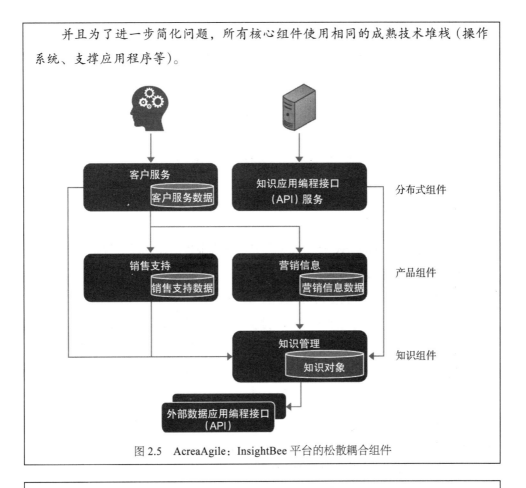

图 2.5 AcreaAgile：InsightBee 平台的松散耦合组件

这种方法是如何支持敏捷的？

由于系统的所有组件是自包含的（包括相应的数据），交流也只能通过良好定义的服务合同，所以它们可以很容易地相互解耦。组件在更改时不会对其他组件产生副作用。每个组件都可以分别进行升级和测试，因此可以并行地提高交付速度和敏捷性。

此外，低技术差异进一步提高了敏捷团队的效率，因为开发资源可以在组件之间共享。这种方法类似于著名公司的基于云的互联网服务（例如谷歌或Expedia）的设计和操作。

很高兴看到经过验证的互联网范例终于进入了企业界。

——Michael Müller，Acrea AG

趋势 13

$(人机共生)^2 = 全球合作大于 1+1$

在 2003 年，Evalueserve 公司被一篇经济学人报告提及，该报告是关于外包投资银行业务。我们曾接到一个伦敦的股票分析师的电话，他告诉我们其 COO（隶属大型投资银行之一）想在伦敦与我们交流 15 分钟。我当时正在澳大利亚的阿尔卑斯山附近。为一个 15 分钟谈话飞去伦敦吗？好的，我说可以试试。

两周后我与本公司英国销售总监一起走进了在伦敦的会议室。在一番简单的介绍后，这位 COO 开门见山地说："你们对于股票研究知道多少？"我如实地回答并不了解太多，但是我们会竭力去学习。然后这位 COO 说："因为你们很诚实，所以你们将得到一个试点项目。如果这个项目进展顺利，那么你们可能得到我们银行提供的 200 FTE（等量的全职工作）。"

几年后我们成为了那家投资银行在卖方研究上最大的外包供应商。从那时起，这十几年来发生的一切简直不可思议。外包解决方案的复杂性爆炸般增长。现在这些解决方案都被工作台或指数计算、人机一体等这些功能主题专业化了。所有这些合作都用到了全球完全集成的管理架构中的多个运营中心。风险和合规性也教会了我们很多东西。举一个例子：最近我们在讨论"内部构造 BCP"。哎！这是什么首字母的缩写啊？这只是横跨地壳板块的关于业务连续性规划的简单想法。当一个地壳板块，例如智利发生了强烈地震，那么一些关键性的流程可以在几个小时内转移到其他中心，例如印度、罗利或北卡罗来纳。这真实发生在 2010 年的大地震中（8.8 级），在两个小时内印度就开始接受来自智利的工作。

关键在于分析领域的外包，无论是对内的专门公司或一个重要职能部门，还是对外的全球合作伙伴，在最近的 15 年中已经从 20 世纪 90 年代后期几乎完全无知的时代，转变为处于高度的复杂和思维领导地位的时代。但是竞争依然在持续，只有创新者可以幸存下来。

本部分的目的在于使你对这些时代有一些了解，作为直线经理你可以从内部或外部的合作伙伴身上实际期望得到什么，你可以询问内部采购团队哪些问题，以及你的核心 IT 和分析部门应该对哪些用例，在何时决定，在哪里进行人机共生。我不会试图给你一个主要参与者及其利弊的市场概况或清单，因为有足够的市场分析报告或这个领域的专业分析公司。反之，我将关注这些市场分析报告没有提到的话题。

因为创立了 Evalueserve 公司，我的看法显然是有偏见的。因此，在撰写本部分的时候，我有意识地戴上了独立咨询的帽子，以批判的角度看待什么是有用的、什么是无用的。我们不会关注所有外包领域（例如非房地产或金融）。本部分将关注十亿个分析用例，解释在获得可观的 ROI 时，外包的时代、创新的主要推动力、可用的解决方案以及导致成功和失败的因素。

我使用了个人在 Evalueserve 公司的经验，而不是对发生的事情给出抽象的描述。然而，我们的经验能充分代表那些知识流程外包（KPO）或业务流程外包（BPO）的公司，例如 EXL Services 或 Genpact，很大程度上是因为它们具有 BPO 的主要特性。

时代 1：纯地理的成本套利（2000—2005）

在 2001 年，我们在印度古尔冈直接从印度的商业院校中招聘了 10 个最早的员工。在 2001 年刚开始的时候，印度的薪酬大概是西方国家的 20% ～ 25%（或者更低）。在针对方法、文化差异和数据源进行强化训练后，他们迅速成为计费分析师，并带给了我们所需的现金流。仅仅 14 个月后，我们在 2002 年 2 月份实现了盈利。我们在调研和分析方面训练他们，并在西方世界联系到了第一个客户。这里的西方世界主要指美国和北欧的市场，例如英国、比荷卢、瑞士和德国。我们当时提供的报告已经很好了，在今天也不需要再做修改。客户给了我们非常具体的任务（例如描述他们的竞争对手或调查一些市场），并以每份报告几百或几千美元付薪。当然，我们在快速且陡峭的学习曲线中也栽过一些跟头。幸运的是，我已经在印度古尔冈的麦肯锡知识中心的会议讨论（on the board）中收集了一些经验，这至少让我们避免了很多基础性的错误。

成长是迅速的。我们每年都增长一倍以上，每年在美国和欧洲都有一些关于外包的政治反弹，但是这都是有限的。当然，这意味着无处不在的成长阵痛。我们不能很快地招聘和训练员工。在对运营岗位进行招聘的同时，我们也在扩充销售队伍。团队的目标相当简单：将客户的工作交给我们并节省开销，这是可行的。有一些初创公司在 1999 年至 2003 年开展了业务，也有从大公司中拆分出来的公司（例如 Genpact 是前通用电气的一个专属公司）。

当时是一种类似于"抢地"的模式。每家公司为了发展都竭力完成所有的工作，即使一些初创公司基于创始人的不同背景也有自己的专业领域。我们的专业领域是知识产权（联合创始人 Alok Aggarwal 曾是 IBM 研究战略和 IBM 印度研发中心的领导人）和商业研究（我们的 COO Ashish Gupta 和我的麦肯锡背景）。其他的初创公司，像 Amba Reasch，驱动力来源于其股权分析师的背景，以及前任银行家的其他背景。

当然，福布斯全球企业 2000 强都听说过"印度模式"。此外，鉴于它们中都有一些来自印度的管理者，所以距它们争先恐后地在印度设立专属公司也不会太远了。每周都有新中心宣称它们免费提供相当好的技术。我曾将这段时间称为专属公司 24～36 个月的蜜月期。它们的业务发展相比自由市场卖方更为简单。这项工作被授权给它们。公司的 CFO 或 CEO 都请求去印度工作。Jack Welch 有一句著名的话："请向我证明为什么你没有向印度提供工作。"在这几年中，数百个专属公司在印度成立。这可以与宽带抗生素（broadband antibiotics）相比：一刀切（one-size-fits-all）的过程。

因为专属公司需要大量中心，且实际上并没有在开放市场中得到成长，它们可以设置相当高的人工内部转让价格。这意味着它们可以给新员工开出更高的薪水，有时比我们的薪水还高 30%，而我们的薪水由于 KPO 定位已经处于一个较高的位置。这是挖角大战的全盛时期。每当我们附近新开一家专属公司，我们就知道挖角只是时间问题了。较不忠诚的员工会因为多几千卢比的薪水离开。

此外，当你看一份个人简历时，只需要简单地看他跳槽的频率，你可以立即知道他是否忠于公司。一些人甚至在他们加入公司之前就会离职，一些人会在六个月后跳槽，还一些人会在一年或两年后换工作。近来我们只是简单地不再招聘这些人，他们的问题在于过去还是过去，而简历还是简历。一些跳槽将永远记载在他们的简历上。有趣的是，类似的情况在数据分析领域也存在，只是约有十年的偏差。

幸运的是，也有相当规模数量的忠诚员工，我们在印度也持续快速成长，拥有超过 1000 名员工。鉴于我们完全关注于研究和分析，这是一个相当大的数字。当然，在这个阶段业务流程外包的参与者会增长到 20 000 或 40 000 名。

时代 2： 全球化外包（2005—2015）

我们的客户大多都是福布斯 2000 强企业。这意味它们也需要全球化。在 2005 年，一个现有的客户（一家领先的投资银行）询问我们是否有兴趣为了亚洲业务设立一个中国中心。我们说有兴趣并同意在上海进行试点，因为在印度分析中国澳门的博彩市场根本是不可能的，中国的员工也不会被吸引去印度生活。我们在这个试点中也有很棒的表现，但是最终这家银行还是和已经在中国扎根的埃森哲（最令人满意的是，我们在 2014 年重新赢得了这份工作，因为我们从那以后达到了专业化）合作。尽管有这样的挫折，我们还是继续向前，并建立了中国中心，现在已经迅速有约 100 名分析师。我们在这些年经历了一个非常陡峭的学习曲线。应该怎样凝聚高智商但是有文化差异的员工，创建全球管理流程，并应付不同的时区、劳动法和客户需求？现在我们知道了！

接着在 2007 年，同一家投资银行询问我们是否有兴趣在拉丁美洲建立销售中心。我们又说有兴趣并选择智利作为尝试，因为时任（现在）智利总统 Michelle Bachelet 对将国家带入知识经济很感兴趣，并且智利的大学培养了大量的人才。这一次我们终于得到了银行客户的合约，智利中心也迅速成长，拥有超过 100 名分析师。这一次文化差异更小，但是我们不得不创建"追随阳光"的流程，因为智利和印度一起工作基本上覆盖了整个工作日的时间。智利的价值主张集中覆盖了美国时区和拉丁美洲，并与印度一起覆盖了 24/5.5 小时的工作时间。

接着在 2008 年，同一家投资银行寄希望于外包一些俄罗斯的业务。我们设立了罗马尼亚中心，因为我们希望在欧盟内部开展近岸业务，以便为我们的数据分析工作提供欧盟数据保护。我们把中心设立在克卢日纳波卡，因为 Babes 大学有大量的教师，可以培养优秀的数据分析人才。

最终在 2014 年，我们在北卡罗来纳州（North Carolina）的罗利（Raleigh）设立了近岸中心。在 2012 年后出现了一个有趣的需求，即在美国的在岸外包和近岸外包。罗利－达勒姆（Raleigh–Durham）的 Research Triangle 中心产生了很多优秀的技术。这个中心现在发展得十分迅速，因为许多客户希望在美国完成其全球外包工作的一部分。类似地，我们也与伦敦的一家大型律师事务所一起建立了机构。

"财务基准分析：环境指标"用例展示了一个项目，在这个项目中，我们的全球团队一起提供了一致的服务。

这个全球化阶段完全是由我们的客户需求驱动的，同时我们也几乎完全根据技能和人才的可用性选择地点。此外，每当我们看到一些公司雇佣昂贵的咨询公司以决定它们专属中心的位置时，我们总是付之一笑。这些咨询公司将建立综合各种因素的复杂模型，然而我们可以非常简单地告诉它们这个位置应该在哪里，因为真正需要考虑的是技能的可用性。但是再一次，管理层需要一些知名咨询公司品牌的正式授权。

在这个阶段，许多供应商和客户经历了相同的过程。在亚洲，这些中心建立在菲律宾或中国，在欧洲，这些中心建立在波兰和罗马尼亚，在拉丁美洲，大部分中心位于智利、阿根廷、哥斯达黎加或墨西哥，而在英国，大部分中心位于伯明翰、曼彻斯特或北爱尔兰。在美国，银行主要在一些城市，例如杰克逊维尔、佛罗里达、盐湖城、犹他州或北卡罗来纳州的罗利设立网点。成功与否的差别在于：怎样将中心很好地集成到全球的工作流中。

一些客户也选择两家或者多家供应商或者专属公司以去除经营风险。双重采购成为正常游戏的代名词，并且这也是一个极好的方法，能让每个人，包括专属公司都时刻保持警觉。包括一些著名的顶级管理咨询公司和一些全球性的投资银行都成功地研发出使专属公司和供应商一起合作的、复杂的管理模型。对管理外包关系和专属公司的最佳实践足够写出另一本书，因此，管理外包关系的最佳实践将不会出现在本书中。

财务基准分析：环境指标

背景

组织
主要财务基准提供商

职能
ESG 产品

行业
金融服务

地理位置
全球队伍，总部在欧洲

商业挑战

• 为主要财务基准提供商构建环境指标（EI）产品
• 每年对全球 1 650 家公司进行分析和监控

解决方案

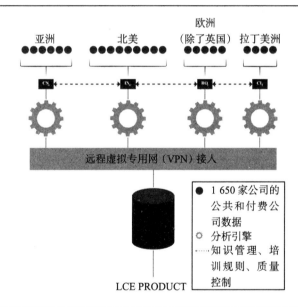

方法

• 以 20 个 FTE 在全球四个中心组建团队，并接受总部领导
• 开发用于远程全局访问的数据存取界面
• 创建了服务等级协议（SLA）框架，用于质量控制、交付时间和错误率

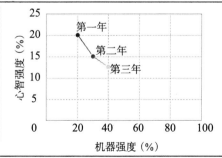

（续）

分析挑战

- 全球级的项目管理，团队分布在多个地点
- 对位于多个地理位置的被分析公司进行一致的分析
- 在短时间内跨全球几个团队的分析框架的应用
- 在虚拟环境中构建新的指标产品，需要创新
- 协调工作流与 100 多个规则

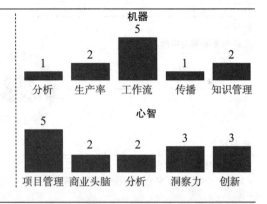

收益

生产率	上市时间	新能力	质量
• 在 6 个月内分析了 1 650 家公司 • 通过自动化和 Web 接口增强功能提高了 15% 的生产率	• 产品在 6 个月内构建 • 在第 2 年减少 20% 的交货时间	• 新的创收产品 • 全面的审计跟踪 • 完整的知识管理规则 • 非英语语言研究	• 差错率明显低于服务等级协议 5% 的高净值产品

实施

- 在 6 个月内从 0 ~ 1 650 个公司
- 20 个 FTE 用于前 6 个月（设置）
- 10 个 FTE 用于后续支持
- 20 个 FTE 用于每季度的重现（指标数据）
- 第一年预算为 25 万美元
- 用于软件和数据的资本性支出为 10 万美元

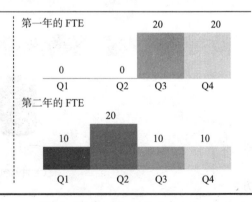

时代 3： 流程再造（2007—2015）和专业化

　　供应商开始改善有关客户流程的知识，有时甚至到了供应商比客户更了解流程的程度。它们开始运用或学到正确的技能构建自己的能力。通常这些人属于在西方市场和工业界有长期的职业经历，并对客户需求有强大洞察力的人。逐渐地，供应商开始建议将流程向客户那边转移，这基于他们从客户那里学到的东西，也基于他

们的后台操作产生的观点。Evalueserve 公司实施了一个名为 KPO 转型的计划，目标是通过协助重新设计外包流程来给客户提供更多价值。分析团队将组织观点生成会话以找到提升外包工作交付流程的机会。成功是惊人的。生产率最低提升了 20%。随着时间推移，我们积极地以客户特定的创新议程进行客户沟通，这很快成为所有政府会议的标准。我们有知识奥林匹克竞赛，这会给提出最佳观点的人以财务或非财务的奖励。

当然，杀手级的观点不止是关注外包工作的范围，而是同时考虑包括客户工作的**端到端流程**。节省一个小时陆地工作时间是节省一个小时海上工作时间的效果的四倍。当然，这暗示着供应商需要近岸的技能，以评价客户的工作流和流程。我们将这些顾问称为解决方案架构师。在这期间，供应商开始建立帮助客户提升流程的咨询队伍，同时利用外包。很明显，这需要在特定流程中的专业化，这也是为什么供应商开始关注他们所擅长的特定用例。在 Evalueserve 公司，我们对研究和分析的知识流程保持关注。

这是专属公司与供应商在同一层次发挥重要作用的第一个时代。专属公司从定义上看只有单个客户，那就是它们的所有者。因此，它们不会像供应商一样在很多流程中有广泛露面的机会。逐渐地，供应商的价值主张变得更强，同时专属公司需要参与到承诺（例如，"事情需要保持在内部"）或成本（例如，"我们的小时费率较低，因为你不必为供应商的销售队伍和利润付费"）等条目中，这可能在一些领域有效，但是当然不是在所有领域有效。

时代 4： 混合本地、近岸和远岸的外包（2010—）

逐渐地，客户需要就地（on-site）和近岸的技能。我们将在多个中心或在客户那里提供混合式的解决方案。例如，一个约有 100 名分析师的总体队伍可能会按类似于下面的方式分布：15 名分析师在中国、35 名在印度、10 名在罗马尼亚、20 名在智利、5 名在罗利，还有 5 名分别在位于纽约、伦敦和中国香港的客户那边。当然，这需要好的流程控制和严格的管理。这种混合式的组织越来越常见。客户喜欢它们的灵活性，以及混合和匹配各种技能集的能力。

自从 2015 年以来，美国的客户不断要求近岸的运营方式，在那里我们甚至可以一起去校园。申请人会得知，除了客户代表，他们会为 Evalueserve 公司工作

2 ～ 3 年，之后他们会胜任行政管理的角色，例如美国客户的雇员。这种做法对客户的好处是明显的。Evalueserve 公司关注招聘和培训，然后客户就可以挑选最优秀（cream of the crop）的分析师。这样的集成模型也不是专属公司可以轻易提供的。

时代 5：外包的人机共生（2010—）

　　三个因素驱动着外包的人机共生：客户对于从供应商处获得的利益有更多的要求（more demanding）；机器的出现使得供应商能提供专业化的解决方案；同时地理成本套利（cost arbitrage）仍然存在，但是相对减少。客户想要提升生产率、更快的上市时间、更好的服务和能让他们在市场上更成功的新能力。这对供应商而言是一个很高的要求，但这就是现实。供应商将机器加入到他们的解决方案中，因为只有人的心智并不能持续提供这些好处。很明显，这意味着投资者不得不减少他们的收入。Evalueserve 公司平均每年自动化 5% ～ 10% 的总体人工工作量。这意味着公司为了保持两位数的增长率，需要每年增长 5% ～ 20% 的工作产出。道理显而易见：Evalueserve 公司不这样做，其他公司也会这样做，因为所有公司都想成为领导者并赢得市场份额。

　　此时，专属公司跟风有更大的问题。它们通常没有自由度或资源来研发有价值的市场解决方案，除非它们被嵌入到有这种重心的全球性程序中。但是更重要的是，它们没有多个客户和特定分析用例所需的专业化知识。此外，供应商可以将他们的投资缓冲到基于大量客户的特定用例中，但是专属公司却不能这样。因此，专属公司的投资回报率将会受损。

　　人机共生的解决方案使得全球化的工作流成为可能，因此外包变得可行且无漏洞。分析人机共生解决方案的外包潜力绝对可以创造有更好投资回报率的机会。云技术使得这样的合作模型不再需要大型的 IT 项目。在 21 世纪初期，电信成本的逐步下降促进了在印度的人力外包。现在借助云技术，对于很多分析用例可以产生更有效的人机共生解决方案。

　　最先进的外包结合了组合式和混合式模型和人机共生。特别是对于本书中阐述的分析用例，在全球寻找合适的人才不仅是一个选择，而且通常是找到它，并将它整合到全球工作流中的唯一途径。

行业部门更新：营销展示

背景

组织
投资银行

职能
行业研究

行业
金融服务

地理位置
美国

商业挑战

• 每季度生成行业关键绩效指标的分析包（涉及从网站提取数据，填充 100 多张图表）
• 自动化手动数据提取和图表化等耗时任务，为增值的洞察力节省时间并减少出错的可能

解决方案

方法

• 分析网站的源代码和营销展示的格式
• 检查数据提取策略的条款和条件，以确保合乎规范
• 自动数据提取过程和粘贴图表
• 执行并行运算（手动和自动）来识别差异和缩小差距

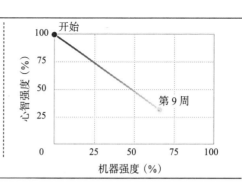

（续）

分析挑战

- 源代码因网站而异
- 符合个别网站的数据提取策略
- 集中式呈现数据
- 创建一个动态鲁棒的平台，以适应未来站点和演示设计中可能的变化

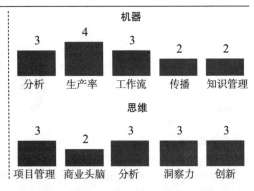

机器

3	4	3	2	2
分析	生产率	工作流	传播	知识管理

思维

3	2	3	3	3
项目管理	商业头脑	分析	洞察力	创新

收益

生产率	上市时间	新能力	质量
• 通过自动化提高了生产率 87%	• 交付速度提高了 75%	• 增加了 4 个新的部门指标的分析范围	• 所有演示文稿中一致的图表尺寸 • 完全自动化导致零错误率

实施

- 在 5 周内开发定制的自动化工具
- 与手动方法一起用 4 周时间并行测试工具
- 经过培训的客户参与团队进行维护和支持；不需要专门的 FTE
- 通过添加新指标，实现更好的分析，团队不断增加工作范围

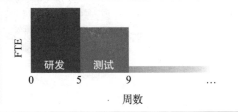

投资银行：全球远岸研究职能

背景

组织	职能
投资银行	投资银行和咨询

行业	地理位置
金融服务	全球办事处，总部设在欧洲

商业挑战

- 建立可有效、高效地支持客户业务需求的一个研究部门
- 在全球成立 1000 多名银行家组成的分析团队
- 以成本效益的方式在整个产品系列中保持高质量的工作

解决方案

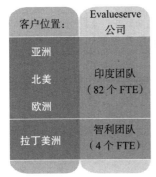

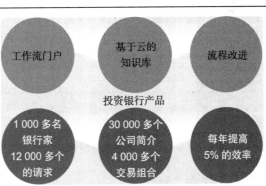

方法

- 部署工作流门户，实现透明的、实时的互动
- 开发基于云的知识库，以有效地重用知识资产
- 引入了一个鲁棒的治理机制，包括定制管理信息系统的报表、与把关人（gatekeeper）会面、路演和反馈研读会
- 随着时间的推移开发过程自动化

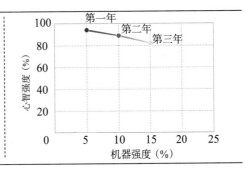

（续）

分析挑战

- 缺乏集中的工作流跟踪以及缺乏系统的知识管理
- 客户机构之间缺乏协作
- 非常有限的工作产品标准化，有限的自动化
- 对语言支持的需求
- 花费在重复的、低价值任务上的重要时间
- 对一些客户收益相关方而言，改变现状的动力偏低

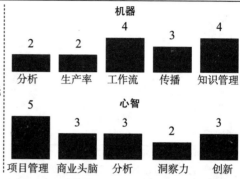

收益

生产率	上市时间	新能力	质量
• 通过标准化、再利用和自动化实现 5% 的年效率提升 • 请求量增长约 45%，人数增长仅为 16%	• 缩短标准重复任务的周转时间 • 通过建立部门专长来提高效率	• 非英语语言研究 • 丰富的内部知识资产 • 支持发布和管理新产品	• 坚持严格的质量和项目管理服务水平 • 通过自动化减少数据密集型任务中的错误

实施

- 设置了一个 8 人试点小组，以了解预期并制定交付标准
- 第 3 年团队增加到 86 个 FTE
- 开发并推出了基于云的工作流门户
- 创建了一个全面的知识库，以便高效地重新使用信息
- 实施过程自动化，从而显著提高效率

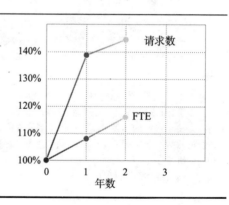

定价和绩效基准

更先进的采购部门能够将人机共生整合到自己制造或者外购（make-versus-buy）的决策和供应商选择模型中，然而它们的数目不多。甚至在今天，所谓的按位置和服务的费率表（rate table）仍然是比较供应商广告的主要方式，但是模型应该比较人机共生的好处。为什么呢？

让我们针对一个简单的用例比较这两种模型。这是一段数据分析，涉及 10 位分析师，他们为一个总部位于芝加哥的客户工作一年。

❑ 模型 A—"费率表"：采购部门通过 10 个等量的全职工作的费率表来比较供应商 A、B 以及专属公司 C。位于印度的供应商 A 在一个人工员工增强模型（manual staff augmentation model）中，给 10 名数据科学家提供每小时 35 美元的费用。供应商 B（美国 / 拉丁美洲）提出了一种混合式人机共生的解决方案，包括 30% 的美国近岸和 70% 的拉丁美洲远岸解决方案，平均每小时收费 45 美元。位于印度的专属公司 C 收取每小时 30 美元的可变成本。如果比较每小时的收费，那么专属公司 C 是首选，其次是供应商 A，最后是供应商 B。

❑ 模型 B—"以价值为基础"：采购部门计算时考虑包括端对端用例中的生产率（即外包部分的节省和内部流程改进的节省），以及将适当的间接费用分配给专属公司，而不仅仅是查看可变的工资费用。如果操作恰当的话，现在供应商 B 可能凭借较高的利润（good margin）（假设 30% 的生产率收益）成为胜出者，但是供应商 A 可能在整体价值方面与专属公司 C 相匹配。

显然，模型 B 比模型 A 更精确。诚然，生产率的优势需要被考虑，但是鉴于今天供应商的成熟度，这是非常可行的。在这个例子中，生产率受益于两个因素：自动化工具和优越的参与模式。该模式为美国客户提供更好的亲近度：短时间前往芝加哥的能力（从印度来没有适当的签证是不可能的），并为美国提供更好的时区覆盖。

一个更先进的评定将包括一些其他的好处，例如由于流程再造、自动化、更高的质量以及对客户而言新的能力等，促进交付物（deliverable）更快上市（例如，能够在移动设备上显示结果或推送重要变化的通知）。

人机共生可以在某些流程中将生产率提升高达 75%，高度自动化产品的上市时间提升了 90% 以上，工作流平台的上市时间约提升了 30%，同时品质和客户能力也有显著的提升。只举一个例子：如果"InsightBee 销售智能"平台每个月研发一款由经典方法可能不会生产出的热销产品，附加交易的额外收入和利润已经为客户带来了非常显著的投资回报率。

无论你心里有什么样的用例，请要求你的采购部门或内部服务部门给你提供一一对应的比较。对此，可能需要稍微花些时间来得到结论，但是无疑是值得的。

现在来看看人的心智部分在全球范围内的成本和可用性。对分析用例而言，关于技术团队，你可能需要找到工商管理硕士（MBA）、特许金融分析师（CFA）、金融风险管理（FRM）、统计学家、数学家、数据科学家、用户体验设计师以及拥有现代的敏捷、云计算和移动技术的 IT 人员。你是在哪里并以怎样的成本找到他们呢？这很难做出概述。一些诸如培训和经验的因素显著影响着这些技术团队的生产率。在一个人机共生的模型中，例如创造力、优秀书呆子 / 反书呆子的表达能力、独立的思考、使用建设性经验以及业务理解力等个人技能，比一个人是否有统计学的理学硕士或博士学位显得更加重要。事实上，与不能在团队中交流和工作的优秀数据科学家相比，与有创新性的思考者（outside-of-the-box thinker）（例如，一个有农业工程背景的人）一起工作，会在大数据分析和高级预测领域获得更好的结果。这些软因素可以造成巨大的差异，因此 Evalueserve 公司相应地改变了招聘方法。

考虑到在人力方面的酬水，印度仍然是世界上针对这些受欢迎技能的成本最低、人员技能水平最高的地方，随着印度学校制度的改善，在过去的 15 年中，人们的就业能力有所提高。为了进行比较，我们把应届生在印度的薪水指标定为 100%。量化技能的另一个很好的技能库是中国。在中国，针对类似技能的薪水指标将达到 130% ～ 140%。在拉丁美洲（例如，智利或阿根廷），技能较好的薪水指标将达到 150% 左右。在近岸（例如，在北欧或在二线美国城市），这个指标约为 170%。在纽约、伦敦或苏黎世这样的城市，这个指标平均将达到 200%。

财务基准分析：指标报表

背景

组织 主要财务基准	**职能** 指标开发、生产和报告

行业 财务服务：指标	**地理位置** 全球团队，总部设在欧洲

商业挑战

- 有助于增长的指标申请量的处理
- 解决报表创建、传播和知识管理方面的困难
- 降低由系统复杂性和人工生成报表造成错误的风险

解决方案

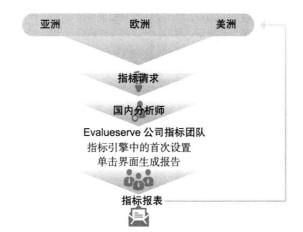

方法

- 使用索引 – 客户映射创建连接到索引历史数据库的仪表盘
- 预定义报表格式
- 编程实现自动生成客户端报告，可以自动将报表发送给客户端

对于每个索引，在给定的价格日期下可能有两个报表：日期指标级别报表、指标成分和组成报表

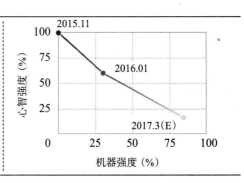

（续）

分析挑战

- 不同的资产类别对不同的客户运行此过程，指标列表可能会有重叠
- 不同资产类别需要不同的报表格式
- 这个过程对逐渐增加的需要报表的索引而言，是不可拓展的
- 这个过程由于手动创建报告而容易出错

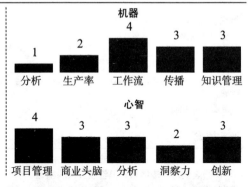

收益

生产率	上市时间	新能力	质量
• 标准化报告 • 简单的报告设置 • 快速高效的运行时程序	• 新增资产类别迅速增加 • 如果发生错误，可以轻松重新运行报告 • 报告生成并立即发送	• 可扩展的 • 定制报表 • 多种文件类型（.xml、.xls 等）	• 减少了数据核对的错误 • 一致的报表格式 • 直观的用户界面

实施

- 可以一口气完成多个客户端的报表
- 自动创建特定客户端的文件夹，并以容易管理、可审计的方式保存报告
- 所有报告以一种新格式给出
- 总的开发需要 200 人时

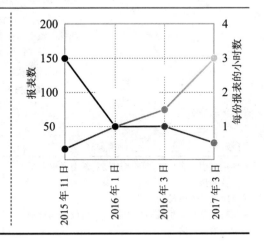

现在我们讨论一个在印度有名的话题，即加薪，这是大多数人都非常了解的。确实，每年的工资都会增加 8% ～ 10%，这与西方的平均工资通货膨胀率相比要高出 2% ～ 3%。但是在预测远岸目的地外包消亡的时候，让我们不要与很多西方人犯同样的错，他们在比较苹果和橙子或者平均工资通货膨胀率下的职位工资（pay-for-tenure）。支付加薪增加的薪酬与一般平均工资通货膨胀率不同。甚至在西方，我们对专业知识人员每年都会承担巨大的加薪。我在麦肯锡的时候，每年的薪水增长率都在 20% ～ 25%。瑞士的一般平均工资飞涨是这个原因吗？不是。让我们做同类型比较（compare apple and apple）。我们应该比较在 2010 年有三年工作经验的员工 A 和在 2015 年有三年工作经验的员工 B，如果做这样的计算，情况就不会那么戏剧化。

对于美国国内市场和近岸 / 远岸市场而言，最大的区别之一就是优秀的中层管理和有经验的人员的可用性。不过，这是采购部门极少考虑的一个因素。然而，分析用例的投资回报率严重依赖于中层人员的管理质量。在各个类别中，国内市场的排名明显最高。印度在外包方面有更富有经验的劳动力，这就是为什么找到中层管理人员是可能的，虽然价格几乎与西方的价格相平。在智利、波兰或罗马尼亚这样的地方，一批中层管理人员已经开始出现，但是他们很罕见并备受追捧。

尽管有这些差异，但是从外包的角度来看，所有中心的总体成本几乎都相同。确实，国内或近岸中心可能比在印度的中心更昂贵，但是它们在陆上交通、时区和语言方面具有明显的优势。例如，这体现在美国对近岸中心的需求的不断增长上。然而，那些持有反对外包的政治观点的人可能会说，印度仍然是可获取的最大的技能市场，并且将在未来占有一定地位。

知识密集型流程外包的未来

关于未来 10 年外包的分析，这里有 8 个暂时的预测：

1. 人机共生将主宰外包。使用上述技能的远岸地区的成本将继续上涨，这意味着自动化的程度将继续增加，直到达到平衡。

2. 云计算和移动端将成为外包的主流。具有移动交付功能的云平台对于人机共生的分析用例至关重要。

3. 外包将继续增长。随着供应商继续专业化，供应商对内部部门的竞争优势将会增加。

4. 将会有更多的近岸，更少的远岸。国内、近岸和远岸的比例组合将由有利于近岸外包的强大力量驱动。

5. 全球化、混合模式将占主导地位。客户需求实际上是全球化的，需要全球性的解决方案。全球化十有八九将是跨越亚太地区（APAC）、欧洲和美洲的多国模式。

6. 供应商将比专属公司更有效率。人机共生需要专业化、多客户端展现、国内业务、在平台上摊销 IT 投资的能力以及新型的能力集。专属公司不能有多客户端展现。因此，对它们而言建立有全球影响力的人机共生的解决方案是困难的。改变这一状况需要时间。一个专属公司的偶尔出售或部分关闭是很常见的事情，但是整个专属公司作为一个整体是不变的。合规性和监管原因可能仍然是保持专属市场开放的唯一真正理由。

7. 供应商将会被整合。大型外包公司已经雇佣了许多独立专家，它们意识到人机共生需要专业技能、流程技术诀窍以及规模。

8. 供应商将会增加咨询技能。一些大公司已经收购咨询公司并重新设计它们的客户流程，这个趋势很可能会持续下去。

结　　论

　　这些就是决定人机共生演化的 13 个趋势。伴随着新发展，有重大机遇，但是同时也需要避免重要的潜在危机，或者至少应该管理好这些危机。总体而言，相信这些趋势对企业家以及终端用户来说是非常好的消息。力量平衡的转变对你们来说是有利的。我们已经准备好成功管理上千个已有和新增用例的要素——只需要将它们组合成一个连贯的能够解决这十亿个用例的机遇和挑战的方法。在第三部分，我们将提出用例方法，为单个用例和用例组合的持续性发展与管理提供一种通用语言。

第三部分

人机共生的实现方法

正如哈勃太空望远镜每天展示的，从一个单独的恒星或者行星放眼望去，我们首先看见的是太阳系，其次是数十亿个美丽的星系。我们能够辨别出椭圆星系、螺旋星系以及不规则星系——这三种星系或结构只有通过遥远的有利（vantage）位置才能看到。这可以看成是未来的愿景。

用分析用例代替太阳系和其他星系，并用本书代替哈勃太空望远镜（不过当然要小得多），你就可以理解第三部分到底在做什么。我希望从一个足够宏观的角度解释这十亿个主要用例，让你有一个宏观的理解：整体格局、关系以及联系。当你专注分析任何一个用例时，你能更好地理解这个用例在大视野中的位置和关系。我希望这能让大家理解，人机共生不像其他人讲解的那么复杂。

为了做到这一点，我并不满足于分析大方向，然后以方法的方式将这些观点全部打包。这里会帮助你对内部和外部的分析供应商保持一种合理的期望，并为你提供一些现成的技术问题，使所有事物都透明化，所有人都各就各位，从而使你的注意力完全放在收益，以及人机共生带来的投资回报率提升上。

与我一起加入这次旅行，目睹人机共生方法的成功实施。

分析用例方法：思维模式的改变

生活的本质就是思维的力量。

——亚里士多德《The Philosophy of Aristotle》

随着生活变化，我们的思维也必须跟上步伐。在第二部分，我们审视了驱动人机共生当今以及未来发展的趋势。目前的混乱结构（nonarchitecture）注定要没落，或者至少对于公司、经理以及需要及时、可操作的洞察力的终端用户来说，这种混乱结构是非常低效的。因此思维方式的改变很有必要。

我们知道，主要分析用例有约十亿个，每年有 500 亿个次级用例更新，而每年都会增添几千个新用例。其中很多用例跨越了多个种类的人机共生，因此管理这样庞大数目的用例需要一种新的通用语言，能在核心问题上使用单个用例，并被所有人理解。在过去的几年里，我们已经目睹了这种用例概念的系统性应用大幅度地简化了问题，增加了透明度，淘汰了不会成功的方式，提高了许多用例的投资回报率。最为重要的是，以合理方式帮助像你这样的决策者得到所想以及所需。

在此，我们提出用例方法（UCM），它将人机共生的分析主题看作单个用例的结构型组合。它解决了单个用例的端对端管理，以及完整用例组合的治理。图 3.1 由上至下给出了该框架的概况。

公司需要横跨职能部门、地区或者业务单元，掌控不同的人机共生用例组合的复杂性。不同企业的用例数目和种类都有所不同：一家施工设备建造商的美国销售人员可能拥有 200 个围绕其销售圈的分析用例组合，同时一家工业集团（conglomerate）医学影像事业部的欧洲维修部门拥有 500 个物联网用例。然而，正确的方法基本是一样的。

UCM 解决了以下问题。

❑ 用例层次：单个用例应当如何进行端对端的管理，也就是说，我们应当如何做以下事情：

- 定义商业问题、客户以及客户收益？
- 决定资源、技能、基础设施、时间线以及管理？
- 保证投资回报率以及客户收益？
- 管理生命周期及风险？

• 保证合理的知识管理?

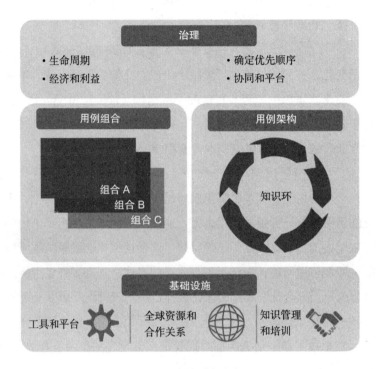

图 3.1　用例方法框架概况

❏ 组合层次: 如何管理用例组合?

• 哪些用例应该被创造、进行生命周期管理或者终止?

• 正确的优先项以及资源分配方法是什么?

• 用例组合间有没有平台收益 (platform benefit)?

• 如何在用例组合之间保证积极的投资回报率?

• 如何执行治理和项目管理?

在后续内容中,我们将讨论单个用例的管理,然后再继续讨论用例组合。

我们已经研究了一些分析用例,但是还没有从用例方法的角度进行讨论。为了专注于细节,我们会首先讨论更多的用例,当然每一个用例都有更多的细节,但是都具有相同的核心描述性概念——事实上,这也是一种直接的概念,我们可以将其应用于十亿个主要用例中。

每一个用例都可以借助 UCM 通用语言来描述。在人机共生分析中使用通用语言，就像在饭店的客人与服务员之间，以及服务员与厨师之间使用通用语言一样，都很重要。

UCM 正在尝试以通用语言的身份服务社群，其中所有的成员都能理解其含义，成员包括业务用户、分析师、科技迷、供应商、管理层以及合规专员。从更偏行为的视角来看，在第一部分谈及的 Myers–Briggs 不同性格类型之间，甚至在我们书呆子和反书呆子之间，UCM 也承担了通用语言的角色。它从根本上被设计为开源的，允许创建使用同样框架的管理工具和平台。此外，UCM 最终使用例在公司之间共享，因此更多人能够从别处产生的第 4 级知识中获益。

分析用例是用例方法的核心因素，下面再次给出分析用例的定义：分析用例就是端对端的分析支持方案，在面向一位终端用户或者同类需要根据所传递观点及时进行决策、行动、投递产品或服务的终端用户时，首次或多次被应用到商务问题上。

现在让我们以商务问题的定义以及用例期望带来的收益为起点，进入分析用例的世界。

能源零售商：竞争性的定价分析

背景

组织
零售能源供应商

职能
定价和分析

行业
能源服务

地理位置
美国

商业挑战

- 提升对竞争者定价策略的理解，缩短上市时间
- 提高粒度和数据质量
- 减少核心团队在报表相关的低价值任务上的工作量

解决方案

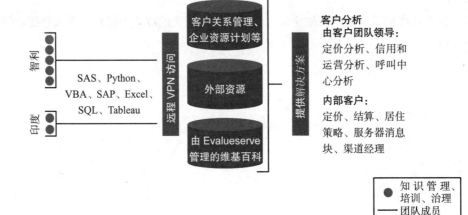

方法

阶段 1：每个报表过程中的大部分自动化步骤
- 使用报表定义详细的工作量转移路径
- 定义关键绩效指标，以追踪效率增益
- 建立专门小组
- 对现有交付排程进行重新架构，以利用时区差异

阶段 2：提高粒度和现有指标质量，与客户长期策略目标保持一致

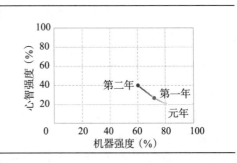

（续）

分析挑战

- 定义 8 个不同渠道间的指标及调整 20 多个商务参与者的信息来源
- 中期活动的试验和重新定向：在应对具有干扰性的竞争者产品发布时，调整产品和渠道绩效的追踪
- 对渠道经理的预期：将中期活动变化应用到商业规则中，该规则会造成感知绩效指标与有影响的渠道目标基准之间的不一致

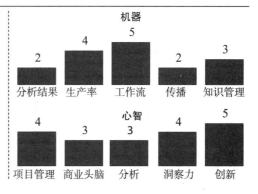

收益

生产率	上市时间	新能力	质量
• 团队的报告容量提升 4 倍 • 临时分析容量翻倍，对应的团队规模不变	• 每天追踪在线竞争者 4 次，意味着更快地对干扰性产品发布做出回应 • 更快地调整新产品结构	• 对 3 倍以上的竞争者进行追踪 • 若干软件的自动化	• 自动化的精细质量控制了主要的关键绩效指标的 2～4 个层次

实施

- 专门的维基百科和知识管理的最佳做法能够提高新团队成员的入职表现
- 复杂的临时分析时间从一年降至四个月
- 发展并利用一种过程，使得能够每天对 20 个竞争者追踪 4 次（曾经是每周追踪 8 个竞争者 1 次）
- 提高自动化，由此产生的工作量和难度超过了团队的成长

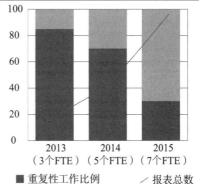

知识产权：识别和管理知识产权风险

背景

组织
电子公司

职能
知识产权策略和分析团队

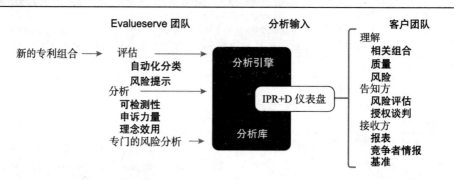

行业
消费类电子和电信产品

地理位置
全球

商业挑战

- 建立高质量且合算的解决方案，以协助评估竞争者导致的专利风险
- 针对竞争者情报对大型专利组合进行分类和标准评估，保证知识的重新利用，以提供更好的分析、更高的质量以及更快的决策

解决方案

Evalueserve 团队

新的专利组合 →　评估
　　　　　　　　自动化分类
　　　　　　　　风险提示
　　　　　分析
　　　　　　　　可检测性
　　　　　　　　申诉力量
　　　　　　　　理念效用
　　　　专门的风险分析 →

分析输入

分析引擎

IPR+D 仪表盘

分析库

客户团队
理解
　　相关组合
　　质量
　　风险
告知方
　　风险评估
　　授权谈判
接收方
　　报表
　　竞争者情报
　　基准

方法

开发阶段：
- 根据产品特点进行分类，构建分类系统
- 为基于分析的文本分类器开发相关训练集

实施阶段：
- 通过将结果与人力管理的数据进行对比来测试分类器
- 进一步修改并充实分类器，以保证结果的高质量
- 在 IPR+D 仪表盘上为专利组合数据分析构建平台

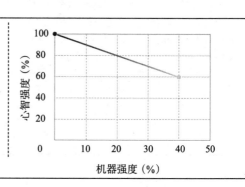

（续）

分析挑战

- 为每个产品特点类别生成全面的训练集
- 对分类器和功能集进行精密调校，需要重复性迭代以保证高质量（90% 以上的准确性）
- 为了在不牺牲质量的情况下保证高效，创造结合人机共生过程的工作流
- 一键式报表的生成需要新模板来保证有意义的观点传播

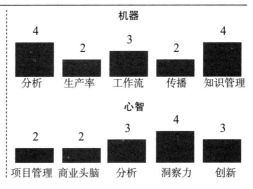

机器

分析	生产率	工作流	传播	知识管理
4	2	3	2	4

心智

项目管理	商业头脑	分析	洞察力	创新
2	2	3	4	3

收益

生产率	上市时间	新能力	质量
• 通过高效的工作流平台得到40%的效率增益 • 交付时间从 6～8 周降至 2～3 周	• 3 个月建立解决方案 • 新客户的部署在几周内完成	• 专利组合根据产品特征分类 • 企业形象和组合基准的快速报表 • 专利监控的月度报表	• 所有专利的手工分析保证了全面的质量控制 • 分类有助于从合适的团队召集合适的工程师，并分配给最终的风险评估工作

实施

- 利用 Evalueserve 公司现有的 IPR+D 仪表盘，作为客户工作流功能的交付平台
- 利用 KMX 文本分析工具和分类器，按照产品特征对专利进行分类
- 和另外两家企业客户合作，建造类似的风险缓解方案
- 第一年授权客户的估值可能达到 50 万美元

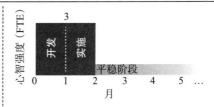

市场和客户智能：市场库存

背景

组织 人事和招聘公司	**职能** 市场与客户智能

行业 人力资源	**地理位置** 全球，总部位于欧洲

商业挑战

- 保持现状创建市场智能
- 确保研究和分析的项目使用一致的方法
- 创建市场库存报告，以促进销售和营销方面的数据驱动决策
- 创建竞争者基准，以了解商业策略并得到先发优势

解决方案

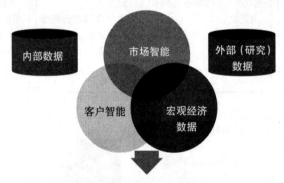

方法

- 建立一个熟悉当地市场业务分析的专门小组，为数据密集型项目配备数据分析人员
- 设计集中式数据引擎，以存储和重新利用内部及外部的市场信息
- 创建 15 份以上的市场库存报表，涵盖主要的垂直市场和最大的地缘市场
- 在仪表盘中聚集重点市场信息，并创建一个文档存储平台

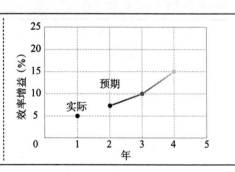

（续）

分析挑战

- 难以连续地利用和传播数据
- 组织不够成熟，难以进行数据驱动的计划和决策
- 内部数据以不同格式分散在多个平台
- 研究框架复杂，包括几百个不同的内部和外部信息来源

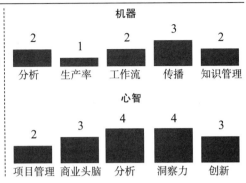

机器

| 分析 | 生产率 | 工作流 | 传播 | 知识管理 |
| 2 | 1 | 2 | 3 | 2 |

心智

| 项目管理 | 商业头脑 | 分析 | 洞察力 | 创新 |
| 2 | 3 | 4 | 4 | 3 |

收益

生产率	上市时间	新能力	质量
• 多个市场信息报表中市场数据的重新利用 • 通过公司档案的自动化生成，获得80%以上的生产率增益	• 通过更加协调和标准化的报表，决策人员能够更快地决策并确定优先顺序	• 新的垂直和地理位置市场智能 • 通过报表库提升了知识管理	• 对市场库存报表更高级的洞察力 • 市场规模和市场份额分析的一致方法 • 易读的报表和可视化

实施

- 创建一个由3名数据分析员组成的团队，以支持新建的市场智能功能——从第一天开始交付
- 第一年开始涵盖5个不同垂直市场的库存
- 创建100个以上的竞争者档案
- 向20个以上的商业参与者传播市场智能报表

观点 1

关注业务问题和客户收益

简单终究会是一个焦点问题。

——安·沃斯坎普《One Thousand Gifts：A Dare to Live Fully Right Where You Are 》

导致投资回报率很低甚至为负的最常见问题是，分析任务在一开始就没有明确定义具体的业务问题、客户或终端用户以及预期的客户收益。相反，一系列的资源被耗费在诸如"首先需要培养分析能力，然后分析团队才会找出可以分析的内容"此类声音的地方。有趣的是，定义这三个本质的东西并没有那么难，只需要一些必要的严谨态度和训练，并且总是在任何分析工作开始之前进行。

精准描述业务问题：我们要尝试解决什么问题？下面有 3 条简单规则。

❑ **规则 1：一个业务问题值得开发一个用例**。我们经常看到分析用例过载。有些人有很好的想法，但是由于各种职能部门介入，加入新的需求和复杂性，然后就陷入了熟悉的陷阱，即复杂化、相互依存关系、偏离目标、延误、成本增加以及不理想的投资回报率。

❑ **规则 2：保持业务问题的狭窄性，并且致力于第一个最小可行性产品（MVP 1）**。业务问题应该尽量集中。例如，最初应该是一个职能部门和一个区域。上市时间是至关重要的。任何事情如果要花几个月的时间，就太久了。最初的目标应当是 MVP 1，它定义为：对于一个给定的业务问题，能够创造第一轮投资回报的最简单可行性产品。一旦完成，敏捷迭代（agile sprint）就可以致力于推出第二个、第三个以及更多的可行性产品，以期能够增加更多投资回报。过多规格而试图解决多个领域和职能的需求，或者做的事情太多，只会使情况复杂化。

❑ **规则3：简约制胜**。用例越简单越好。如果没有必要，开始时就不要使用大数据和人工智能。大多数用例通过简单的改进来提升投资回报率（例如，通过更好的工作流或是第一组小数据）。一旦证明简单的工作是有效的，锦上添花的内容可以晚些再加上。当然，也有特定的用例是需要大数据的，但是先试着在真正需要的数据源上运行初步的测试看看结果。

明确定义终端用户：在这个特定的业务问题中，谁是终端用户？同样，我们有以下3条简单规则。

❑ **规则1：保持终端用户在单一用户群体内**。终端用户群体扩张的速度是令人惊奇的，即使用例是为另一个群体设计的，也会有大量其他的人员加入这个热潮。既然不同的终端用户有不同的期望，这很快就会产生目标冲突。

❑ **规则2：为了终端用户进行分析，而不是为了分析团队或供应商**。这样的项目会因为潜在动机而进行，使得分析达到本身的目的并且占用大量资金。明确需要实现哪类用户的目标是很重要的。

❑ **规则3：终端用户法则**。除了终端用户，任何人不应该评判解决方案是否成功。控制的作用是支持终端用户，而不是评判结果。

定义客户收益。对于特定的用例，对客户收益的期望是什么？下面有5条简单的规则。

❑ **规则1：为每一个用例使用客户收益框架**。为每一个收益维度定义量化指标：生产率、上市时间、质量以及新能力。保证考虑到整个端到端过程，而不仅仅是过程的分析部分。很多人会试着避免清晰的目标设定。不能允许这种情况发生。不是所有的用例都含有框架中的全部四类目标，但是至少要有一个类别的目标。典型的情况是涉及其中两个或三个类别。

❑ **规则2：达成一个常见、简单、清晰的投资回报率框架**。首先记住市场——客户收益驱动投资回报率。问题一定要基于"这个用例会让我们变得更有竞争力吗？这会帮助我们提高销量吗？"提出。与财务部门在一个简单清晰的计算框架上达成一致，这个框架在公司内应被普遍接受。任何多于一页纸的东西都不合适——这可能会激发头脑风暴，但是任何人都没有时间做复杂的计算。这个规则可能会挽救你的工作，因为你的用例会在未来某一时间再次使用。为这条规则做好准备，并且让所有人围绕这条规则做事。

很明显，生产率对投资回报率的影响是最容易量化的。然而，其他维度可能对投资回报率更重要。例如，如果你公司的销售人员能够比竞争对手更快地获得客户，这可能会对公司的收入有巨大影响。因此能够理解用例传递给决策者的第3级洞察力所造成的精确市场影响就变得非常重要。这个因素可能比其他任何东西更能驱动市场回报。这也有助于在以市场为基础的影响评估中优先处理与彼此都有关的用例，而不是基于内部因素划分优先顺序。

❑ **规则3：为每个用例预先定义预期**。期望收益需要在工作开始前就定义——这意味着要以书面的形式定义！一旦工作开始进行，内部和外部组织就会执行它们的合同并且不会再改变——如果改变，就会有额外的开销。

❑ **规则4：通过用例定义预算**。公司常常会犯不通过用例定义预算的错误，这意味着一些单位（line unit）最终从管理部门得到不透明的费用分配，从而使许多付款人不悦以及对股东造成无意义干扰。

❑ **规则5：严格跟踪与客户收益有关的进度**。能够有其他额外的东西很好，但这是最重要的元素。这会让每个人都保持警觉，并且朝着一个共同的目标前进。在用例的整个生命周期当中都保持这样的追踪，并且在用例经过一些生命周期管理阶段时进行修改（例如着手下一个MVP）。在Evalueserve公司，对于持久性分析关系的客户进展回顾总是包括追踪客户收益进展，这对于管理双方的期望和结果是必不可少的。

生命周期管理：用例会随着时间发展，它们必须要经过连续的MVP阶段，直到变得稳定。用户的实际需求可能会以各种各样的方式改变：范围、频率、格式、传输通道以及模式。其他用户有这样一种倾向：试图通过理解来使用现有用例。用例的投资回报率或许不再说明它存在的意义，在这种情况下，用例的执行应该停止或者简化，使得投资回报率回到乐观的状态。改变需要耗费资源，而且企业家需要优先考虑任何活动。

根据经验，用户类型越多，用例就会变得越复杂。也就是说，用例变得难以终止，并且会持续耗费资源。这是执行规则4的另外一个原因。所有的用户群体能够同时决定，不再需要一个用例是不可能的。保持用例集中化和模块化，并且避免带有大量接口和相互依赖关系的复杂意大利面（spaghetti）架构可以省下很多钱。

客户流失分析：B2B 经销商网络

背景

组织
重型机械厂商

职能
机器配件销售

行业
汽车工业

地理位置
北美和中国

商业挑战

- 增强对可控和不可控的流失诱因的理解
- 识别有流失风险的客户
- 制订一个策略留住最忠诚和高价值的客户

解决方案

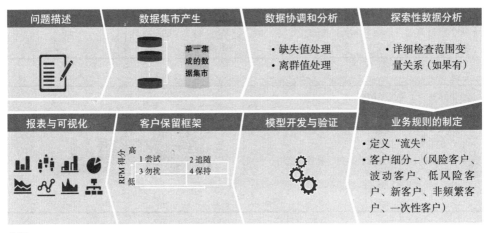

方法

- 制定业务规则，以定义流失和细分客户
- 在分析中排除新客户、非频繁客户和一次性客户
- 对客户的最近一次消费、消费频率和消费金额（RFM）行为评分
- 通过假设变量对客户行为进行回归分析，获取客户流失的关键诱因
- 开发使用模型结果和 RFM 得分的客户保留框架
- 为翻新和终端消费开发仪表盘

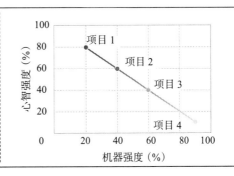

（续）

分析挑战

- 以不同格式和质量从多个数据源集成数据，包括缺失值和变量
- 各种各样的经销商网络使得开发一个可扩展的保留框架非常困难
- 使用易于解释、执行速度和准确性的良好组合，找出合适的分析技术

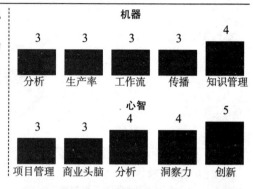

机器

分析	生产率	工作流	传播	知识管理
3	3	3	3	4

心智

项目管理	商业头脑	分析	洞察力	创新
3	3	4	4	5

收益

生产率	上市时间	新能力	质量
• 通过自动化的方式提高生产率93% • 每个经销商的投资回报率高达2500万美元	• 12周内完成第一个模型构建 • 为二级经销商节约50%的时间（交付时间）	• 更加有效和高效的保留活动 • 客户的数据货币化机遇	• 平均模型精度超过80%

实施

- 6个月分析了4个经销商
- 4个FTE 12周开发了第一个模型，3个FTE 8周开发了第二个模型
- 1个FTE每季度更新模型
- 3个版本的仪表盘开发：执行、操作和策略

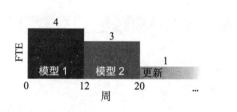

预防性维护：网络故障分析与预测

背景

组织 各大电信运营商	**职能** 服务保障和操作

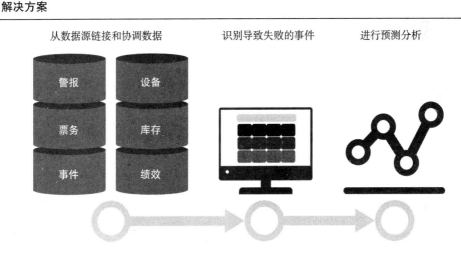

行业 电信	**地理位置** 总部在欧洲

商业挑战

- 整合多个数据源以确定网络停机事件的根本原因
- 预测未来的网络故障

解决方案

从数据源链接和协调数据　　　识别导致失败的事件　　　进行预测分析

警报	设备
票务	库存
事件	绩效

方法

- 加载原始数据并识别数据源之间的链接和键
- 以标准化格式汇总、清理和协调数据
- 将所有数据源链接到统一的主数据集
- 识别导致网络故障的事件关系（路径分析）
- 基于以往模式分析的预测模型识别

（续）

分析挑战

- 处理大批量（约 500 GB）的数据
- 从不同的系统中理解和聚合多个数据源
- 利用路径分析识别网络突发事件的根本原因

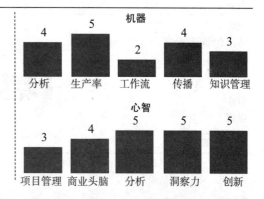

机器

4	5	2	4	3
分析	生产率	工作流	传播	知识管理

心智

3	4	5	5	5
项目管理	商业头脑	分析	洞察力	创新

收益

生产率	上市时间	新能力	质量
• 简化根本原因分析 • 创建突发事件预防框架	• 由于使用了数据发现方法，只耗费了一个月 • 未来运行基本自动化	• 客户的第一次成功数据集成项目 • 基于网络复杂模式触发预防性行动的能力	• 多亏使用自动化脚本，减少了错误数

实施

- 项目组：两位数据科学家，1 位数据工程师和 1 位主题专家（制造工程师学会）
- 研讨会：制造工程师学会、数据科学家和业务利益相关者在可行性和调整业务驱动力的基础上优先工作
- 数据提取：团队花了两周的时间从所有相关数据源中提取和汇总样本
- 数据准备：团队花了 1 周的时间清洁原始数据以创建主数据集
- 建模：在 1 周内实现的路径分析的多次迭代

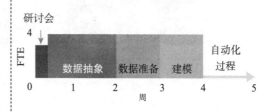

观点 2

筹划知识环

在阅读本部分之前，建议读者先观看电影短片《 Powers of 10 》。网上有该短片的资源，一个版本是 1977 年的，另一个是称为《 The Ultimate Zoom 》的新版本。两个短片都展示了放大和缩小范围如何帮助我们正确地看待问题，并揭示事物的合理描述。当我们在查看事物时，很容易在细节中迷失——这是人机协作分析的最大风险。

通常，一开始时问题可能不大：分析范围渐变。接着问题变成接口复杂，专业技能缺乏，一些新出现的数据质量问题，突然发生的重组或者优先权转移以及主要的数据科学家离职去追求更好的工作条件。因为细节和注意力分散埋没了保持概述的能力，所以用例突然失败了。在用例方法论（UCM）中，知识环可以帮助维持高级的概述。

❑ **规则 1：将用例映射到知识环上**。知识环（参考第一部分的图 1.4）提供了捕获用例主要内容的框架，确保没有任何方面被忽略，但是记住知识环以最终操作模式来展示用例。一个用例并不能实现所要求的项目计划。

❑ **规则 2：优先考虑相关的阶段，以及相应的预算**。知识环可以帮助划分优先顺序和在资源消耗方面发现偏差的位置。通常人们从数据开始按照一定顺序工作。当然，他们会在分析过程中遇到很多数据方面的问题并陷入困境，继而消耗很大一部分资源，导致忽视了后期阶段以及相应资源的需求。如果计划没有考虑未来的每个阶段，那么用户体验设计、审计跟踪和知识管理就会得到比较少的时间和经费。

❑ **规则 3：对任何变化进行跟踪记录**。知识环提供了一个简单的单页工具

（simple one-page tool）来捕获变化，并且对其在用例生命周期中的整体影响进行评估。

知识环也有助于通过一种关注每个阶段利益而不是技术细节的共同语言，把呆板和灵活（nerd and the antinerd）结合在一起。这就推动了用例的企业管理者提出正确的问题并促进 MVP 的创新。例如，"我们应该为优化终端用户体验而花时间吗？或者我们应该接受数据科学家的意见，将需要人工智能进行筛选才能获取的社交媒体非结构化的反馈数据聚合在一起吗？"用户体验可能比额外的社交媒体数据反馈更重要。提出正确的问题有助于企业管理者决定知识环中每一个阶段的正确资源分配。

下面是一个很好的用例，它成功地应用知识环创造了一种工作解决方案，并且在后续的几个月中不断改善。

供应链框架：瓶颈识别

背景

组织机构	**职能**
业内领先的邮政公司	供应链

行业	**地理位置**
电子商务	北欧地区

商业挑战

- 在每个阶段识别电子商务配送系统的瓶颈
- 优化供应链，实现次日交付给 B2B 客户
- 基于仓库和运输系统数据的推荐改进

解决方案

业务问题　　　　　　　　　如何提高次日送达的物流性能

1 级杠杆

流程　　　　　基准仓库流程　　　　　　　　基准运输流程

2 级杠杆

✔ 配货中故障	✔ 接收中故障
✔ 提货中故障	✔ 分拣中故障
✔ 包装中故障	✔ 配送中故障

输出　　　　　　报表与可配置的可视化结果

方法

- 从订单到交付，将业务流程映射成小的、可衡量的步骤
- 分析过去两年的相关数据，建立预期绩效模型
- 测量几个周期中每一步的数据反馈，并且通过预期性能进行检测
- 自动每日更新
- 识别造成整个流程延误的实际瓶颈

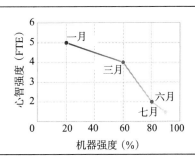

（续）

分析挑战

- 数据一致
- 影响交付提前期的多种因素：仓库位置、订单时间（上午、下午）、月份（高峰期与非旺季）、产品类型（快销商品和滞销商品）
- 有限的历史数据

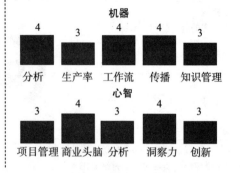

机器

4	3	4	4	3
分析	生产率	工作流	传播	知识管理

心智

3	4	4	4	3
项目管理	商业头脑	分析	洞察力	创新

收益

生产率	上市时间	新能力	质量
• 减少 50% 从仓库到客户的配送时间 • 致力于消除已存在的瓶颈	• 6 个月内实现产品	• 深入的供应链分析、趋势监测、流程标杆管理和社交媒体洞察力 • 供应链分析仪表盘	• 成功识别运输和仓储瓶颈 • 自动化工具帮助消除人工造成的延迟和不准确

实施

- 6 个月内实现从 0 到 95% 的自动化
- 解决方案开发花费 4 个 FTE 6 个月
- 从第 7 个月实施解决方案 0.25 个 FTE
- 在持续改进中监控供应链的日常仪表盘

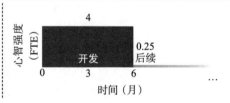

观点 3

根据问题树明智地选择数据

分析最诱人的地方在于"数据越多越好"原则。把所有能想到的数据都收集好，把所有可能相关数据库中的内部数据都找到，把所有社交媒体数据和其他来源的数据也都统统扔进去，然后再加上能买得起的付费数据资源。这就是人们购买数据湖的场景。

一个简单的事实就能证实这一切有多离谱：在大多数分析项目中，数据结构化和清理占据了总项目成本的 80% ～ 90%。这意味着，仅有 10% ～ 20% 的钱留给实际的思考和分析部分，而第 3 级洞察力正是产生于这些部分。如此，大部分用例都能被精简至几个重要的数据维度，例如 20% 的领域数据可能在所有的数据仓库中实现。这意味着，近 80% 相关度低的领域数据能够从分析中排除。如果花时间将这些领域数据也计入，按要求执行数据结构化和清理，那就浪费了项目总时间的 64% ～ 72%（项目成本 80% ～ 90% 的 80%）。除此之外，你还面临着某些数据馈送改变其特征的更大风险，这将花费大量下游的保养成本。

这里有 11 个避免上述不必要浪费的简单规则：

❑ **规则 1：创建一个问题树（issue tree）**。这可能是地球上最古老的咨询方式。一代又一代的咨询顾问都曾受过这种方式的训练。在麦肯锡公司，这个概念已经成为咨询内核的一部分。它包括将整体的商业问题分解为易处理且逻辑独立的子问题，这些问题可能通过两至三个层次呈现。最终，问题树末端的每一片叶子都代表着需要被收集的数据或信息，以实现成功的分析。并且，节点中包含关于应当如何分析数据的模型。分析用例能够以类似的方式被分解。这种方式的一个优点在于能够强制用户提出可测试假设，由此自动地使数据领域的选择变得严谨。通过这种方式，我们能够避免"破坏这片海洋"——或者更为确切的说法是破坏这片数据湖！

❑ **规则 2：定义最低限度可用的数据集**。MVP 1 需要基于问题树的初始数据集，而问题在于维持最小的数据集，同时保证囊括了最有可能引出新的洞察力的数据，也就是第一个最小可行数据集（MVD 1）。此时才是考虑囊括备用数据和其他数据库中数据的时候，因为数据的全新组合往往能提供令人惊叹的观点。MVD 1 的概念意味着提高速度并降低复杂度。如果你想要快速地得到结果，不要从一开始就超负荷地操作项目。一旦你成功了，附加的数据集就能被引入。

❑ **规则 3：尽量避免大数据**。正如第一部分所讨论的那样，大数据有很大益处，但是只针对 5% 的用例有益。因此运作的假设前提是：首要使用小数据，除非确实需要大数据——类似法庭上的"无罪推定原则（innocent until proven guilty）"。问题树能帮助限定需要大数据的数据领域。如第一部分的讨论，大数据的拥护者会说，如今处理大数据不会耗费太多。这对于数据存储和基于工具的数据处理来说可能是真的，但是对于结构化、清理、构建跨职能的界面、管理数据流和质量、融合其他数据来源、授权和合规性以及风险来说，这种说法并不正确。这一切都需要昂贵的数据科学家和决策时间。

❑ **规则 4：当你需要大数据时，以专业的方式进行操作，并对投资回报率进行度量**。5% 的用例确实需要某些层次的大数据。然而，经验告诉我们，许多数据领域并没有真正地赋予这种分析预期价值。或许这种信息不存在于数据集中，质量不过关，无法修复，也可能数据中有过多垃圾信息。无论什么原因，必须投资回报率至上。消除无价值的大数据字段，仅保留有价值的大数据字段。未用的数据字段会在下游耗费大量的时间和财力——它们是有成本的。

❑ **规则 5：扩展 MVD 之前使用数据子集做原型**。MVD 是一种记录集。警惕非公开数据的扩展、随处都有的数据字段，否则你的用例投资回报率可能急速暴跌（nose-dive）至负值。在正式实施分析用例之前，所有的附加数据都应当被证实是合理的，并建立原型。

❑ **规则 6：建立进入你的用例的数据质量硬性标准**。数据质量不过关仍是分析用例中的最大问题之一。一些简单问题，例如带有缺失值的不完整数据集、不一致的复制、不同的时间戳、拼写相似其实不同的数据域名以及其他问题，都可以导致计算有问题。其次，也有一些较为"高级"的问题。金融数据序列中的周末问题就是一个很好的例子。交易在周末停止，但是时间戳仍在继续，因此为了计算正确的增长率和统计分布，需要清除周末的数据。在 Evalueserve 公司的索引操作（index operations）中，我们需要更正数百个相似领域的数据。当不受控制的外部数据或无结构数据进入系统时，情况就会变得很糟糕。并且，人工智能也无法解决这个问题。如果你能向风险和合规性部门展示数据质量的审计结果，他们会很开心，尤其是你将这个数据用于重要决策，或者更有甚者，将其用于销售含有数据的产品时。

❑ **规则 7：保持数据来源，并且避免备份**。基本上，只要能向数据来源的所有者保证数据在分析中是受控制的，那么这些所有者最终将接受你的用例结果。创建临时（interim）备份将破坏这种"责任关系"，并且带来了否认你的用例所有产出的机会。

❑ **规则 8：保证知识产权并遵守法规要求**。你确定各种数据集都允许使用吗？你准备好所有正确的合同以及许可证了吗？你知道哪种法规会影响你的数据集吗？如果你想利用这些数据设计商业产品，这些步骤都很重要。侵犯知识产权或违反法规会让你损失惨重。

❑ **规则 9：为数据源在未来的变化做计划**。数据集及其特点会保持不变的说法是一种幻象。如果你控制了所有的数据源，那么你还算走运。事实上，数据来自于多个地方，而用例所有者根本没有权限进入这些地方。如果你的数据源一夜之间发生了变化而你还不知道，那会怎么样呢？突然之间，你的下游业务将变得毫无价值。当你开始处理一个数据集时，确保有一个流程可与用例所有者一起来检查变化，不能做数据完美的假设。

❑ **规则 10：保留审计轨迹，并记录所得结果**。由于存在风险，有必要确保你的团队以非常勤奋的方式处理数据集。重要的是，你需要一个端对端的审计轨迹来处理数据集、数据所有权以及质量的问责、引入过程、是否利用以及如何利用数据的决策，还有数据的积累和变化。并且，即使出现负面结果并且将数据集排除在外，也应该对处理数据集中的重要发现或原型进行记录。无论是谁在某个时间从你那里得到这份工作，都不该被迫再次做出相同的决定。

❏ **规则 11：监控数据和数据工作的端对端成本**。由于 80% ～ 90% 的分析用例最终都变成了第 1 级数据工作，监控投资以及收集数据、结构化数据、清理数据的运营成本就非常重要。不停地寻找方法来减少成本能够腾出有价值的资源，例如数据科学家或者数据分析师去做可创造更多价值的工作。

支出分析：类别计划工具

背景

组织
主要的水、能源和卫生服务供应商

职能
采购和供应链管理

行业
能源服务

地理位置
全球分布，总部位于美国

商业挑战

规范客户及其收购的子公司的全球支出数据：
- 将支出数据分段以便于集成到企业资源管理系统（ERP）中
- 集成来自不同系统的数据

解决方案

数据分析

客户 + 子公司

数据更新
数据准备和协调
按类别分配供应商

统一编码结构

分析仪表盘

方法

- 分析业务需求，研究客户管理技术和数据格局
- 建立由数据分析师、业务分析师和技术专家组成的团队
- 设计统一的类别编码结构，对客户的支出数据进行分类
- 将 5000 多个不同实体的代码分类为统一的结构，并集成了 100 多万支出数据线
- 在仪表盘中表示结构化的支出数据，以便进行场景建模
- 建立一个自动分类所有未来交易的有效流程

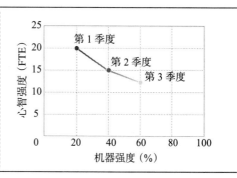

（续）

分析挑战

- 在标准分析框架中以不同的格式整合数百种合同、商品与服务代码
- 使用数百个业务规则定义工作流
- 构建独特的解决方案，以满足用户不同的配置文件和需求，同时确保性能和快速适应能力

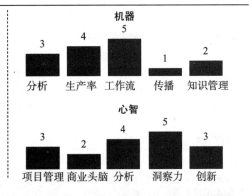

收益

生产率	上市时间	新能力	质量
• 客户实施后的成本大概节约 5% • 通过自动支出分类，提高了 70% 的生产率	• 在不到 5 个月的时间内完成解决方案（前瞻性方法需 1 年）	• 全新的流程 • 场景规划的交互式仪表盘 • 供应商谈判的新杠杆	• 超过 98% 的首次及时交货

实施

- 仅需要 3 个 FTE 4 个月的开发时间
- 完成后将工作人员的投入减少到每个季度仅 100 小时（0.2 个 FTE）
- 在 6 个月内分类多于 100 万的支出数据线和 10 000 多个供应商
- 建立超过 30 个分析框架，提供商业分析业务

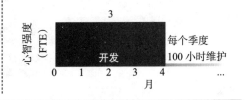

预测性分析：交叉销售支持

背景

组织
主要电信运营商

职能
营销

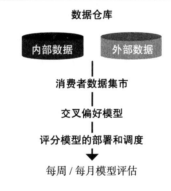

行业
电信行业

地理位置
英国

商业挑战

- 通过将重要产品交叉销售给现有客户，提高每位用户带来的平均收入
- 通过有效的定位最大化直接营销的投资回报率

解决方案

数据仓库

内部数据　外部数据

消费者数据集市

↑

交叉偏好模型

↑

评分模型的部署和调度

↓

每周 / 每月模型评估

方法

- 通过服务拆分建模受众群体以实现以下功能：
  - 一个活动预测要针对不同的客户群进行优化
  - 根据目前的产品组合进行不同的建议和处理
- 聚合消费者属性来创建数据集
- 执行数据清理以将 900 个左右的变量减少到 30 个最重要的预测变量
- 应用统计学和机器学习技术来开发性能最好的模型
- 用每周倾向模型计算客户群，以确保与活动目标的相关性

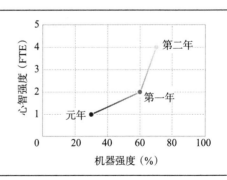

（续）

分析挑战

- 数据库的大小和复杂性与不同表格之间的不一致性需要重要的数据理解和技能来构建可靠的模型
- 需要建立适当的数据质量机制和检查点
- 在历史数据中缺乏足够的例子来构建模型：需要持续创新和性能提升的模型

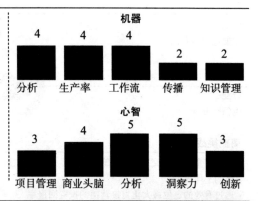

机器

4	4	4	2	2
分析	生产率	工作流	传播	知识管理

心智

3	4	5	5	3
项目管理	商业头脑	分析	洞察力	创新

收益

生产率	上市时间	新能力	质量
• 减少 70% 的模型相关的工作量 • 每周可以计分和评估超过 70 种预测模型	• 分数每周更新一次，将向客户提交的时间从 6 周缩短至两周 • 实时决策关键模型的每日评分	• 应用新的（面向客户）建模算法 • 处理复杂而巨大的数据源的能力	• 在前 20% 多的基数中确定平均 60% 的新采用者 • 100% 按时首次交货率

实施

- 4 个分析师团队开发和维护偏爱模型
- 强大的评估框架，不断监控模型的性能

指标：绿色为 60%，琥珀色为 45%，红色为 45% 以下（采用两位以上）

- 当质量下降或新数据项可用于改进预测时执行重建
- 多项直接营销活动的效率提高了 2～3 倍
- 呼叫中心使用的模型提供最优惠的产品，从而可以提高 30% 的产品接受率

观点 4

机器支持心智的有效边界

仅依靠人类心智的话，太贵且太慢。而仅依靠机器，又不能提供真正的洞察力或者知识。成功的关键在于如何以合适的比例和类型融合人机智慧。

本部分涉及共生关系中的机器部分。当然，选择具备跨职能的技能以及适当背景的人类心智也是非常重要的。我们将在下一部分讨论这个问题。

每一个用例都融合了人机智慧，它优化了投资回报率，并在生产率、上市时间、质量以及新能力方面实现了客户价值。过度自动化的成本过高，并且效率低下，而自动化不足可能难以实现客户价值，或者使得用例难以盈利。投资专业人员可能将这种情况称为有效边界：不同资产的最优组合（例如股份、债券和房产等），在投资组合的整体风险下对利润进行了优化。这种想法其实非常简单。每种资产类型都有特定的附加风险以及利润期望值。金融奇才能够利用 1990 年诺贝尔奖获得者 Harry Markowitz 发明的规则来计算整体效益以及投资组合风险，作为基本资产类型的组合功能。这样就可以将这个概念应用于分析用例。本部分的目的就是寻找这个有效边界。

为了说明上述观点，请看一看本书中的一些用例。每个用例都展现了随时间提升的自动化程度。MVP 1 更多的是关注执行解决方案。未来的自动化程度会提高至一个稳定状态，有时会经过一个数年的运作过程。用例的有效边界就是在此时被发现的。正如你即将看到的那样，有些用例达到了 99% 的自动化，而其他用例的自动化平均程度只有 10%。工作越复杂多样，自动化程度越低。但是无论何种用例，总会达到某一程度的自动化：可能不是专注于洞察力的分析工作，但是一定是该过程的某一部分。这当然不是一项硬性的规定，并且用例之间存在很大的差异，平均

30% 的生产率提升与 30% 的响应时间减少是比较现实的，这取决于起点。

以下寻找有效边界（efficient frontier）的规则是基于成功和失败的经验得来的：

规则 1：分析端对端用例的自动化潜力。最常见的错误是聚焦于数据及其分析，却忘记了其他部分，例如工作流、终端用户的信息传播与交互以及知识管理。一方面，客户为自己的 SAS 脚本感到骄傲，它用于电信产品相关数据的分析。然而，这些客户没有考虑对分析结果进行分配和管理结果的知识。与进一步改善数据脚本带来的盈利相比，这最终导致了终端用户生产率的更大损失。

规则 2：应用全部五种类型的自动化，但保持简单。记住能被应用于各个用例的五种自动化：数据以及分析工具，包括人工智能、生产率工具、工作流系统、出版与传播引擎以及知识管理工具。最初（例如对于 MVP 1）是聚焦于唾手可得的结果，并且尽量简单。大数据、人工智能或者非结构化数据领域的成功从来都不容易。沿着生产线、改进的可视化与格式化、与终端用户更高效的互动（最后一英里）同时使其生活更加便利，它们可以在更好的工作流以及更好的知识管理中出现。考虑开发时间，必须遵从 80/20 定律。从一开始就大量构建自动化可能效果不佳，甚至导致下游业务变得昂贵。许多分析用例在最初几个周期中发展显著。如果人工智能、大数据或者非结构化数据适合，那就在后期对其进行提升——除非你的用例是 5% 需要大数据的用例之一，也就是 MVP 1 的一部分。

规则 3：尽量提供现有的组合材料。不要试图重构这个世界。有些人（内部的或者外部的）可能已经开发了一种工具或者一种人机共生的解决方案，用于处理部分用例。尽量使用例及其功能易于组合，并且要避免意大利面架构，它的诸多接口能够与其他用例交互。对此有一个很好的示例：一个机器生产商可以创造一个单独的标准化传播单元，用于将所有预防性维护用例的洞察力传播给经销商。这降低了用例的复杂程度，通过重用促进了它们的发展，并且简化了解决方案，降低了风险，并在使用期限内降低了成本。

卓越绩效分析：效率指标

背景

组织	职能
所有经营单位（业务和支持）	所有的职能

行业	地理位置
服务业	全球

商业挑战

- 建立一个标准模型，以衡量效率提升计划对于不同团队和运营单位的影响

解决方案

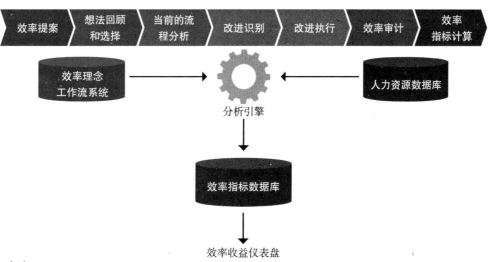

效率提案 ＞ 想法回顾和选择 ＞ 当前的流程分析 ＞ 改进识别 ＞ 改进执行 ＞ 效率审计 ＞ 效率指标计算

效率理念工作流系统 → 分析引擎 ← 人力资源数据库

效率指标数据库

效率收益仪表盘

方法

- 建立了一个集中的项目管理办公室（PMO），以培训团队来确定和分析提高效率的机会
- 为效率增益指标创建了一个标准定义，不同于各团队正在进行的工作性质
- 制定效率增益共享、层次积累和位置索引的规则
- 创建一个现场仪表盘，以便汇总数据以及多层次的分析

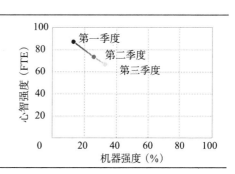

心智强度（FTE）纵轴，机器强度（%）横轴

第一季度
第二季度
第三季度

（续）

分析挑战

- 仍然保持正确的汇总数据，即便团队和报表经理在一年中发生变化
- 当一个倡议有多个受益者时，分配效率增益
- 尽管每个位置的工作时间不同，对齐公共矩阵
- 验证预期和实际效率提升的正确计算
- 定期和准确地更新效率指标仪表盘

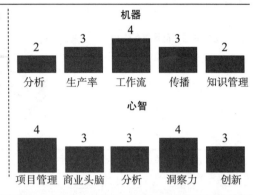

机器
2 分析　3 生产率　4 工作流　3 传播　2 知识管理

心智
4 项目管理　3 商业头脑　3 分析　4 洞察力　3 创新

收益

生产率	上市时间	新能力	质量
• 效率提升 8%（2015 年 525 000 小时） • 效率提升指标计算工作减少了 60%	• 跨越不同团队 5%～40% 周转次数的提升 • 效率指标计算时间从 4 天减少到 0.5 天	• 适用于不同领域的优化（自动化）套件 • 客户流程的改进咨询 • 强大的自动化专家池	• 通过减少人工操作，跨越不同团队的流程交付总质量改善 • 效率增益计算误差降至零

实施

- 引入效率增益作为评估参数
- 识别团队代表，并创建与员工的对应关系
- 精通 Lean 和 Visual Basic 应用程序（VBA 技能的员工）
- 与首席运营官和业务负责人每周召开一次会议，以推动这个进程
- 自动化效率增益计算和通知过程的重要部分

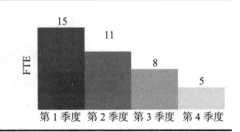

FTE
15 第 1 季度　11 第 2 季度　8 第 3 季度　5 第 4 季度

　　规则 4：持续性改进。在本书的大部分用例中，你可以看出，随时间进行的提升是可持续的。最成功的办法就是设立一个或若干个团队，其作用就是为用例组合寻找、提供原型并实施改进思路。对于一家拥有 2000 名以上律师的国际律师事务所而言，我们拥有一个由 3 名全职项目经理构成的团队，主要负责搜寻新用例并对现有用例进行提升。一旦试着改进，他们就会将用例转移至稳定的状态（handed the use case to the line）。在任一时间点，他们都有 50 ～ 80 个新用例或者提升思路的方法，这些用例或思路与用户一起被列为优先项。

此类项目经理工作于科技与商业的交叉点，并且在项目管理方面有很强的背景，这是一种非常特殊的能力，一般的直线组织（normal line organization）不具备这种能力。并且，有些人知道公司之间发生了什么（例如不同用例组合之间），他们能够发现改进的机会（例如，因为其他人而想出了一个关于服务于组合 B 的组合 A 的智能平台）。

这些项目经理的投资回报率都很高，因为他们的用例累积和提升超过他们的成本。

规则 5：为平台和模块寻找机遇。组合（例如包装机的预防性维护）中的某些用例有许多相似之处。例如，传感器组件和配置能产生相似种类的数据流（数据种类、速度以及变化），使用相似的分析算法和工具，并需要类似的与不同国家经销商的沟通渠道。当然，虽然每一个用例都不相同，但协同作用确是很明显的。同样，InsightBee 公司的"最后一英里"平台使其在一个平台上与相似类型的终端用户进行互动。显然，这需要投资与策划，但是一个智能单元能够大力促进未来用例的发展，正如在 InsightBee 公司的用例中所见的。更重要的是，这种平台的一个模块或功能改善可用于运行在其上的用例。InsightBeeg 公司的通用预警能力就是一个很好的例子，它将短的预警洞察力推送给决策者。

规则 6：记录绩效、总结、审计跟踪和最佳实践。我们回到知识管理。当然，这也需要机器的支持，这一点稍后展示。完全不用工具或者监管过程来处理 450 个新用例是不可能的。机器对于所有新用例而言都是非常关键的，并且应当被记录下来。有趣的是，记录不起作用的部分相比记录有用的部分更重要。为什么呢？因为当创造并构建新用例时，应当了解人们已经尝试过的东西，以及这些东西为什么不起作用，这一点非常有用，可以节约大量金钱，以及更重要的时间。

所有用例组合的有效边界都将随着时间逐渐明显。想象这样一个世界，其中，十亿个分析用例都在接近效率边界！尽管这是一个难以实现的想象，但是只要实现其中一部分，你就可以为用例组合创造许多投资回报率和许多开心的客户。

观点 5

合理的心智相容意味着锦囊妙计

人类心智的合理组合对于所有人机共生用例来说，都是成功的关键。就算机器主导了日常工作的执行，人类心智对于用例以及第 3 级洞察力的产生来说也是很重要的。

公司经常犯的与人类心智相关的七大错误是什么？

1. 中心技术团队拥有控制权，而不是企业家或者终端用户。

2. 分析团队没有足够的商业知识。

3. 商业分析和技术专家在设计阶段没有被匹配。

4. 用例的总体资源没有分阶段地实现端对端透明。

5. 过度依赖于内部的中央分析资源。也就是说，解决方案或者知识的最佳实践并不是从市场上购得，也没有恰当地用于用例。所有的技巧不可能都来自公司内部。

6. 团队没有充分考虑下游维护、生命周期资源以及控制条件，就急匆匆地开始构建解决方案，而这些因素都非常重要，尤其是在缺乏主动管理的时候。

7. 对于谁了解某一类的用例，缺乏知识管理。这与锁定用例专家以及将知识转移到其他单元都有关系。

基于常识，可以避免以上大多数的问题，但是当涉及分析时，常识好像就不见了。这里并不打算讲述项目管理的基础，而是继续着眼于人机共生面临的挑战。

- ❑ **规则 1：对完整生命周期进行策划，而不是一时冲动。** 最优的思维组合随着用例的生命周期而不断变化。不要只想着需要谁来完成第 1 阶段（设计、原型）；想想第 2 阶段（上线、稳定状态）和第 3 阶段（维护和生命周期管理）会是什么样。

❑ **规则 2：企业家也应具有控制权**。许多企业家对于分析都有一种自卑感，这使得他们交出所有权，应该避免这一点。企业家可能不具备所有必需的能力，但是他们是最终客户，并且也最擅长评判是否盈利。因此企业家必须在用例的整个生命周期对用例负全责。

❑ **规则 3：向团队灌输大量的商业和地域知识**。团队里有一些泛商业知识人员，或者有 MBA 学位的数据科学家是不够的。只有真正的终端用户能够判断用例是否符合客户需求。对于全球用例来说，跨地域的工作人员很重要。西方公司时常低估了团队中当地亚洲员工的重要性。日本、韩国、中国内地及中国香港和东南亚的国家与地区，它们的地理情况以及市场动态都非常不一样。

如果没有中国、印度、罗马尼亚以及智利当地的环境、社会、政府分析师提供的区域背景，Evalueserve 公司就不可能在长期且繁杂的工作中提供相吻合的结果，这项工作包含了全球 2000 多个国家与地区的数据。

❑ **规则 4：分配角色**。决定团队中的人员分工是一件很重要又很殚精竭虑的事情。如果企业内部没有合适人选，不要忘记用外部人员来填补空缺（详情见规则 7 和表 3.1）。

❑ **规则 5：在设计和首展时协同**。这就是把员工从他的位置上挪开的过程。我从来不理解在分配人员协同时的惰性。如果让数据科学家和终端用户一起相处几周并收集真实经历，又会怎样？在设计阶段，线上聊天、邮件、电话，以及任何其他途径的沟通都没有坐在一起商量有效。人们在避免协同时总有非常创造性的理由："我有很多项目要做"或者"我需要工作站"（在当今虚拟桌面的时代，竟然还有这种理由），甚至还有"我们这里的咖啡机更好"——我没和你开玩笑！协同并不会自然而然地发生。它需要人的硬性要求和反复检查，但是它带来的收益非同小可。

❑ **规则 6：密切关注团队所有资源，时常监控预测**。由于 80%～90% 的成本都来源于数据工作，控制资源就显得很重要。小的项目主题可能导致很大的资源需求，例如说，从小数据转移至大数据可能导致人力成本暴涨，因为数据质量、合规性，以及其他部分都需要人来工作。

❑ **规则 7：当你可以买的时候，就不要自己做**。尽早创造你自己的心智可用矩阵（详情见图 3.2）。人机共生用例需要大量技能，而其中许多都不能从公司内部获得。

这里有一个例子：在创建 InsightBee 的时候，Evalueserve 公司除了拥有在人机共生方面的专业能力，以及一个近 100 人组成的内部知识技术团队外，它的内部没有适用的技能集来完成前端和后端引擎的用户体验设计、搜索引擎优化，或者软件开发。对此我们做了什么？我们将许多专业工作外包给英国和瑞士的合作公司。我们拥有强大的商业分析技巧以及人员，这些人对不同的数据库都很了解，但是我们很早就意识到自己缺乏国内项目管理方面的技能。

在我们的经验里，为项目匹配正确的专业技能是及时完成项目的唯一方法。根据用例不同，我们可能需要 10 ～ 15 个不同的技能组合。一般来说，有两种购买模式：资源论证和解决方案配置（这种情况下，解决方案就是用例整体的一部分）。为了对成本进行控制，我们需要国内及国外模式的结合。仅有国外模式是不可能在人机共生分析中发挥良好作用的，因为其需要大量的迭代使用例稳定。这一点需要靠国内资源来解决。

❏ **规则 8：在创建任何东西之前，都要检查是不是已经有公司内部或者外部人员做过了。**不要重复劳动。一些公司内部人员或者外部人员很有可能已经创建了类似的用例。现在很多专业公司都有现存用例资料室，可以满足你的特定需求，这比自己创建用例快多了。用例方法（UCM）帮助我们创建了一种通用语言来实现这种交换，而我们也创建了一种工具来捕获知识，并使得其在交换中可被利用。尽管是现在，我们也可以很容易地从别人的经验中汲取所需。

一旦确定了正确的技能集，业务用户需要选择合适的参与模型。实现这个目标没有通用的（one-size-fi ts-all）解决方案，但是业务用户可以拥有一系列可选选项。有效边界也适用于人类心智部分的方程式。选择取决于在用例的 3 个阶段之间变化的几个因素：技能可用性、技能成本、实施速度和实施效率。

在 Evalueserve 公司，我们已经看见了许多有效或者无效的方法，在这个过程中时不时地遭受打击，以下就是我们得到的教训。

❏ **教训 1：对模型进行标准化，并为它们起名。**随着人机共生用例的增加，对已知需求、用户团体，以及情况（图 3.3）起效的默认约定模型标准就显得很重要。通过确保为每一个约定模型起名，并定义清楚提供给每一个用户团体的权益，你就可以确信人们在以合理的成本及努力采取合理的解决方案，没有超支，也没有采取无法交付的方式。

心智矩阵	用例		
	第 1 阶段	第 2 阶段	第 3 阶段
心智	设计与原型	上线和稳定状态	维护和生命周期
业务用户	积极领导	巡航定速	创新高峰
终端用户（按地区 / 职能）	设计、反馈和测试	改进思想	设计、反馈和测试
程序管理	完全控制用例	发射与监控	监控和变更控制
流程再造	工艺设计	流程审计	工艺设计
业务分析师	精准的业务知识	正在交货	调整
财务人员	精准的功能知识	正在交货	调整
数据科学家	分析方法论	正在交货	调整
用户体验设计	专注于客户的利益	改进思路	调整
编辑与出版	视觉设计	正在交货	调整
知识管理	知识管理概念	文件学习	更新
技术架构师 1	用例技术架构	改进思路	创新理念
软件设计	用例依赖	错误修复	调整
人工智能等级 1 或 2	专注于几个方面	学习与提高	调整
IT 基础设施	集成支持	帮助热线	调整
财务控制	签收福利	持续的福利控制	提高投资回报率
合规性	确定设置	监控风险	评估变更

图 3.2　心智可用矩阵

想想一定范围内存在的商业产品，从高端的特色定制模型到简单明了的即用模型。类似例子还包括汽车、摩托、电脑、家庭安全系统、缝纫机以及木匠工作台。我保证你们还可以想起更多的例子。你可得到能为你提供所需权益的模型：如果你只需要查阅邮件和上网，那么就不要一台配备设计软件的高端台式电脑；如果你想要一套定制西服，那么也不需要一台只可以缝两种针脚的便携式缝纫机。

❏ **教训 2：尽早将你的用例适用于一个合适的约定模型**。应当尽早了解自己的目标运营模型。因为它决定了监管模型，并阐明了责任与问责。

❏ **教训 3：具备足够的国内及国外容量——尤其是在阶段 1**。有些人认为通过仅在国外完成事务，就可以节约成本（例如说，在他们的印度公司）。这是个错误。尤其在阶段 1，有成千上万的决策需要完成。即使国外有合适的技能，客户收益和用户体验设计过程都需要面对面的商讨，这在总部和地域办公室都需要进行，其中地域办公室也可从这个用例中获益。

❑ **教训 4：随着时间对资源组合进行调整。**在阶段 2 和阶段 3，自动化程度的增加（希望是这样）会减少国内及国外资源的需求。因此，目标资源组合应当得到主动管理。维护工作应当尽可能地实现自动化，如果自动化不起效，那就将其转移至低成本的国外环境。然而，重要的生命周期管理需要大量的创造力，国内业务应该像初始的设计及原型阶段一样得到解决（也就是说，大部分转移至国内）。

❑ **教训 5：避免按小时收费的诱惑。**根据投资回报率的中期回报以及及时提供客户收益的能力，及时对供应商和内部分析服务部门或者设备中心进行评价，并且避免将该过程基于小时费率。尤其是在人机共生方面，成本的节约和利用需要专业技能来创造发明合适的机器，而不是靠降低某些人的小时工资。同时，避免将内部薪水和外部供应商的价格进行对比。内部工资全额和可变薪水的差额可达 50%。日薪短期看来可能很让人心动，但是可能会狠狠地给你当头一棒。

❑ **教训 6：在世界上一些你想象不到的地方，你会发现大量的定量和数据专业技能。**数据科学家显然在这些项目中扮演着重要的角色，但是公司有时候会忘记，世界上有许多强大技能突出的地方。如果符合合规性要求，那么在美国及西欧以外的拉丁美洲（这个区域与美国签订了贸易条约，这是一大优势）、东欧（成为欧盟成员国是一个很大的优势）和亚洲找一找厉害的量化及数据专业技能。这些国家的工资水平都在上涨，因此成本差异在将来的几年里都会很重要。拉丁美洲和东欧在文化与地理位置上都分别与美国和西欧相近，这在所有权总成本方面，与印度等远方国家构成了公平竞争关系。正如之前所谈论的那样，美国的二线城市也是一个新趋势。来自这些地方的分析师能在几小时内无需签证就能到达美国的目的地。

我知道有个问题已经在你的脑海中蠢蠢欲动了：多少钱呢？接下来我要做一些许多人不喜欢的事情。我会将一些紧俏的数据科学家和量化金融师的薪资水平按照

2016 的价格水准或总成本水准列举出来，这些人都具有风投背景，而这些数据都能在终身约定的市场上找到。

注意：这些成本都是总数，包括诸如房地产管理、人力资源、培训、办公器材等运营费用，并不只是员工薪水。你们的地区办公室会告诉你，他们可以以更低的薪水雇佣员工，但是如果你还需要他们提供基础设备、人力资源、管理、外籍员工津贴包、差旅费等其他所有的隐性成本，这些办公室的成本优势就岌岌可危了。

❑　美国二线城市：分析师每年 150 000 美元，经理每年 200 000 美元。

❑　智利：分析师每年 110 000 美元，经理每年 160 000 美元。

❑　罗马尼亚：分析师每年 95 000 美元，经理每年 140 000 美元。

❑　中国：分析师每年 90 000 美元，经理每年 135 000 美元。

❑　印度：分析师每年 75 000 美元，经理每年 110 000 美元。

	企业人力资源消耗模型（FTE）			
典型客户	银行	金融业和专业服务提供商，企业	专业服务提供商，企业	中小企业
地点				
现场	可能是全球性的，推荐	可能是全球性的，推荐	可能是全球性的，推荐	可能是全球性的，推荐
近岸	可能（1～2 个地点）	可能（1～2 个地点）	可能（单个地点）	可能（单个地点）
远岸	1～4 个地点	1～2 个地点	单个地点	单个地点
商业模型				
FTE	100～250	50～150	5～50	2～3
项目开销	可能	可能	可能	可能
单一支付单元	可能	可能	可能	可能
现收现付	不可能	不可能	不可能	不可能
统一全球管理	推荐	推荐	推荐	推荐
合规性、信息技术和安全性				
银行业级别	推荐	不需要	不需要	不需要
专用总结	推荐	推荐	推荐	不需要
标准开放空间	不推荐	有可能，视项目而定	有可能，视项目而定	推荐

图 3.3　参与模型

典型客户	基于云的现收现付服务建模 专业服务提供商、企业	中小企业	按需建模 专业服务提供商、企业
地点			
现场	不可能	不可能	可能需要暂时的现场团队支持
近岸	可能	可能	可能（单个地点）
远岸	可能	可能	单个地点
商业模型			
FTE	N/A 无	N/A 无	N/A 无
项目开销	可能	可能	可能
单一支付单元	可能	可能	标准
现收现付	标准	标准	可能
统一全球治理	推荐	推荐	推荐
合规性、信息技术和安全性			
银行业级别	不需要	不需要	不需要
专用总结	不需要	不需要	不需要
标准开放空间	推荐	推荐	推荐

图 3.3 （续）

针对日常金融或商业分析以及运作机器的知识技术，量化和数据科学家需要 20%～25% 的津贴。我把这个问题留给你，你来确定一下自己公司的成本差异。我们发现，例如伦敦和纽约等昂贵地区的总成本要比刚刚列举出来的数额高出50%～100%，尤其是对稀缺技能而言。

我们可以很轻易地发现人类心智的有效边界。在 Evalueserve 公司，我们发现和具备特定技能的工作伙伴持续工作一段时间，在处理标准化约定模型时，在所有用例工作上的速度、相互理解以及协同效果都能够受益匪浅。过多的协同可能会扼杀创造性，而这种百花齐放的方式会创造出众多不同的方式和技术堆栈，从而提升复杂度，也让用例组合之间的知识共享受阻。

观点 6

正确的工作流：嵌入在流程中的灵活平台

由灵活的平台支持的正确工作流是提升生产率与加快上市时间的最大原因，而这往往被低估或者不会在第一时间被提出来分析。在人机协调的分析中，大多数人聚焦于分析问题和数据，却疏忽了涉及所有参与者的端对端工作流（举例来说，签署项目建议书或搜集线索的机构内部的律师或者真正的终端用户）。所有的大数据工作都完成了，然而许可证被卡在一些电子邮箱中，或者终端用户得到了一些晦涩难懂的 Excel 表格，对于这些表格，需要做大量的工作去匹配系统的数据结构。

金融服务：投资银行工作室

背景

组织
投资银行

职能
咨询与并购

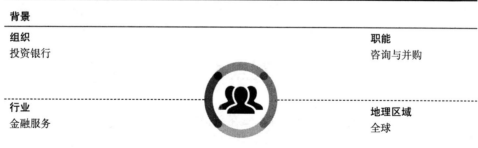

行业
金融服务

地理区域
全球

商业挑战

- 减少花在重复和单调活动上的时间（非交易性分析和计划书）
- 减少基层银行家之间的动机缺失和摩擦

解决方案

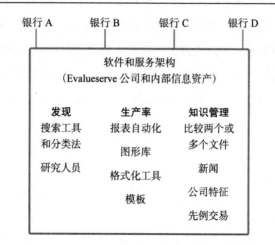

银行 A　　银行 B　　银行 C　　银行 D

软件和服务架构
（Evalueserve 公司和内部信息资产）

发现	**生产率**	**知识管理**
搜索工具和分类法	报表自动化	比较两个或多个文件
研究人员	图形库	新闻
	格式化工具	公司特征
	模板	先例交易

方法

- 建立一个内部的孵化团队，以概念化和开发解决方案
- 通过更好的信息发现、日程任务的自动化、报表的自动化、可视化以及改进的知识管理改善生产率
- 与主要的设计、数字和软件公司合作，开发专业资产

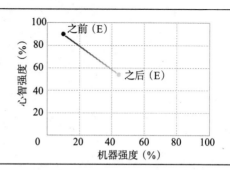

(续)

分析挑战

- 开发一个精确解决客户需要的新解决方案
- 使用一个鲁棒的工作流管理系统，装配不同的分析模块到一个平台

开发可用于客户的内容和信息资产

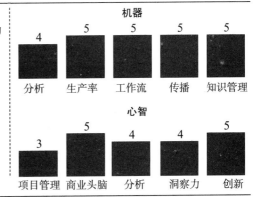

收益

生产率	上市时间	新能力	质量
• 日常任务 40% ～ 50%（E）生产率提升 • 用于增强知识管理的可伸缩的自动化特征	• 非交易客户材料的更快产生 • 更快的写作和分析	• 更快的团队协作 • 面向客户会议的移动解决方案	• 与数据管理相比，花在有洞察力的分析上的更多时间

实施

- 处于开发中的产品
- 12 个 FTE 在最小化产品的概念、设计和开发上花费了 12 个月

此外，我想告诉你一些简单的规则：

❑ **规则 1：尽早画出用例工作流，并确定参与者。** 几乎所有的用例都涉及几个参与者。典型的角色按照数据、分析、可视化、反馈、决策、使用以及知识管理这些方面的贡献来分类。所有这些功能都围绕着知识环以某种形式进行交互。特别是在分布式环境中，任务可能堵塞很长一段时间而没有人做任何工作。我们看到在一些用例中许可证拖延了整个进程好几天，仅仅是因为在某个邮箱收件箱耽搁了很长时间。此外，有一些邮箱的过滤系统会将紧急的邮件移入一个错误的文件夹中。这导致了一些关于事情到底在哪里被耽搁的审查工作，就是这些无关紧要的间接工作大约占据了总工作

量的 15%。

❑ **规则 2：使用总蓝图（big picture）确定前三个改进方向**。80/20 法则适用于下述情况：在大多数用例中前三大瓶颈有着大约 **80%** 的提升潜力。MVP 1 应该聚焦于此。有趣的是，使用一点常识和流程理解就可以很容易发现它们。而更大的问题是参与者的心理状态，并不是每个人都会为他们的流程简化而感到开心，因为他们的资源和预算可能会被削减。

❑ **规则 3：定义人机协调的目标工作流为客户提供利益**。对于 MVP 1，简要地检查一下目标工作流会让你离实现客户收益有多近。

❑ **规则 4：利用 MVP1 进入平台——保持最初的简约和迭代**。尤其是对于新的用例，不要立刻去构思一个巨大完整的企业级平台：用简单的宏命令进行测试。就算它们也许不能给你一个完全可拓展、稳定的平台，但是学习能力可以很快内置其中。一旦宏命令稳定下来，工作流就也稳定下来了。MVP 2 或者更高版本的产品就可以着眼于更稳定的平台。

❑ **规则 5：以投资回报率作为平台生命周期的基础**。这个用例会存在多久？创建一个大的平台真的值得吗？在计算投资回报率时，考虑用例生命周期会让这个决策简单得多。

❑ **规则 6：如果可能的话，利用现有平台**。一个工作流就是一个工作流。通用功能大体上总是相似的。为什么不使用一个可配置的现有云平台呢？为什么要在内部开发工作流呢？一些供应商也会提供工作流功能。

终端用户通常在工作流开始时作为请求者，而在结束时作为受益者。与终端用户的交互分为两个部分：最后一英里的分发和用户体验。后面两观点将讨论这些话题。

观点 7

为终端用户提供优质服务：解决"最后一英里"问题

谁是你的终端用户？让我们回到用例的定义。这是一些需要根据所提供的观察信息来及时做出决定、实施行动或者交付一种产品或服务的人。他们可能是一组 20 个亚洲的重工业货物大客户经理，或者是 15 个德国财富管理公司高净值部门的公关经理，或者是 10 个日用消费品公司的全球产品经理，或者是跨越全欧的 20 个火车代理商的 100 名服务技师，或者是遍布全球的一个大型咨询公司的数百位顾问，也可能是全球各地的数千名零售商。

这些用例的共同点是什么？拥有大量持有不同需求和使用偏好的终端用户。顾问有时会积极地为他们的项目做些调研。服务技师需要推送警报以说明在他们的区域内某些特定的货车出了故障。零售商对于周末销售的标杆管理（benchmarking）很感兴趣。然而，有一五个特征模式的集合在驱动着最后一英里。

1. 一对多映射。上文提到的大客户经理是一个很好的例子。他们需要所在地区的经过预审的销售线索，并从一个数据源获得（举例来说，中心研究职能或者外部的云解决方案）。相似地，财富经理也可以从中心研究部门或者外部供应者处为他们的富裕客户或者潜在客户获得一些分析结果。举例来说，某位客户启动上市，因此会引发很大的流动性，这潜在地为财富经理带来一些新的净资产。时间是最可贵的（time is of the essence）。

2. 多对多映射。这种情况稍微复杂一点。让我们看看人力资源（staffing）行业的用例。我们有着成千上万的数据提供者，即雇员、数以百计的人力顾问和客户组织。这是一个更加复杂的映射：有着 m 个数据提供者（雇员）、n 个需要观察力的顾问和 l 个客户组成的三重映射 $m{:}n{:}l$ 拓扑。这对任何用例来说都很难。

3. 推送与拉动或者以交互为基础。研究和分析过去主要以拉动为基础，即一个用户有需求，写一封电子邮件给数据持有者，然后希望在几天或几周之内得到回复。然而，现在有一种极强地向推送模式转变的趋势，也就是警报被推送给终端用户从而触发一些操作。物联网驱动着大量的推送模式用例（例如说一辆货车需要预防性更换某个机械部件）。未来的标准将是推送与拉动并行（即以交互为基础）。

4. 离线与现场决策。服务技工得到警报并且做出响应。货车需要维修。警报成为了工作流中的维护事件。这是一个现场决策使终端用户成为工作流一部分的例子。离线用例不一定与任何即时决策同步，而且可能不会成为工作流的一部分。

5. 终端用户与中心人员之间的交互。许多用例需要数据分析人员与终端用户之间的多次交互。交互的方便性和响应的水平推动这个方法被采用。实时聊天功能有助于避免长语音邮件的来回发送，而移动工具的支持改进了移动用户的体验。

服务"最后一英里"所涉及的工作随着终端用户的数量及其联系急剧增加。当简单的一个对几个的用例可能还在使用邮件分发处理时，一对多或者多对多用例导致了大量的流量和相互依赖情况，因此需要以不同的方式处理。

下面给出一些在早期就能确定这些复杂性的规则：

规则 1：一开始就给予"最后一英里"足够的重视。"最后一英里"很可能只得到了比较低的优先级，而分析工作得到了普遍的关注，但是"最后一英里"决定了用例的成功或失败。

规则 2：确定用例拓扑结构。在观点 1 中你已经确定了终端用户。我们需要找出用例与哪些人有关。这些人可能包括需要与养老金机构签署项目建议书的内部律师、中心研究部门或者数据提供者。

规则 3：了解怎样才能最好地服务终端用户。终端用户并不总是清楚自己希望分析以什么样的形式呈现，因为他们中的很多人并不知道现在什么是可行的。他们什么时候需要做出决策？用例怎样正常运转？终端用户是常驻办公室还是移动员工？他们需要严格控制时间的警报吗？需要什么格式呢？无论由谁引导着用例的开发，都应该花费一些时间在终端用户身上。尽早将用户体验设计师包括在内。

规则 4：早点确定潜在的瓶颈。这就是为什么城市规划部门在建立新的桥梁和十字路口时先模拟一遍。他们要搞清楚交通流量在未来会如何变化。一座新的桥梁可能会消除一个瓶颈，但是也可能在别的地方增加一个瓶颈。分析用例，特别是人机共生并没有多大的差异。瓶颈则通常是处于价值链某处的人。例如，一个被削减预算的中心研究部门可能无法再交付成果。

规则 5：如果可能的话，收集"最后一英里"中的分析用例。我把这种情况称为"为我手机上的应用程序空间奋斗"。人每天可以管理多少不同的平台和渠道？多少个登录用户名？别忘了这个数字也包括他们个人的渠道。当这个数字超过 20 时，事情将变得很艰难。因此，对于特定用户（例如大客户经理）的分析交付物，理想上是捆绑的和基于移动应用的。当然，这意味着存在某种模块化架构，它支持为特定的用户群简单地增加和删除分析用例。

规则 6：确定最高投资回报率的技术解决方案。投资回报率的计算应该包括终端用户花在存取分析以及与分析交互所用的时间。我们在很多用例中发现，终端用户是移动的，因此他们不得不花大量的时间去分析。除了这种他们不喜欢的问题，他们在这段时间本可以做聪明得多的事情。门户网站是处理一对多拓扑的绝妙方案，特别是需要推送观察结果（例如竞争情报）给许多用户的时候。然而，它们很难连接到工作流，或者在需要推送用户特定的内容需求时，会变得复杂。在这种情况下，终端用户需要与工作流系统连接在一起。如果人们是移动的，连接到工作流的应用程序可能是一个解决办法。如果涉及了多个公司（例如多个经销商、汽车制造商或者与银行打交道的独立金融顾问），基于云的解决方案能够摆脱大部分复杂度。一般的规则是让事情变得尽可能简单，但是不以浪费终端用户的时间为代价。

随着分析用例数目的增长，"最后一英里"的重要性逐步提升，能够管理请求和洞察力的流程将是至关重要的。

销售支持：基于账户的营销支持

背景

组织	职能
全球企业连通性	营销、策略和销售

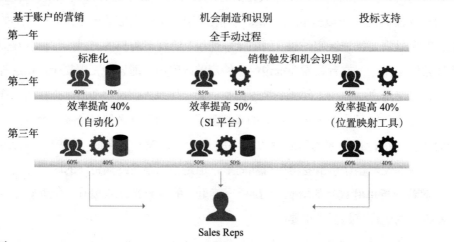

行业	地理
电信	总部在印度

商业挑战

- 以建立基于账户的营销支持来提升销售
- 推行恰当的销售机会，并引导销售人员
- 产生更深入的洞察力

解决方案

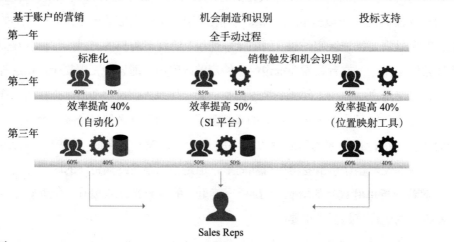

基于账户的营销　　　　机会制造和识别　　　　投标支持

第一年　　　　　　　　全手动过程

　　　　标准化　　　　　　销售触发和机会识别

第二年　　90%　10%　　85%　15%　　95%　5%

效率提高 40%　　　效率提高 50%　　　效率提高 40%
（自动化）　　　　（SI 平台）　　　　（位置映射工具）

第三年　　60%　40%　　50%　50%　　60%　40%

Sales Reps

方法

- 设立 13 个 FTE 团队，提供客户和竞争对手的洞察力；将团队成员映射到不同地区的销售代表
- 为可交付成果创建标准化模板；从数据库自动提取信息
- 开发销售智能（SI）平台，以确定相关和优质的销售机会和线索
- 创建了一个工具，提供有关位置竞争定位的信息

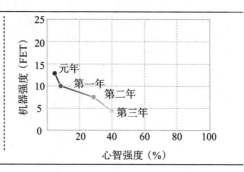

机器强度（FET）／心智强度（%）

元年
第一年
第二年
第三年

（续）

分析挑战

- 尽管客户请求量大、速度快，也要减少交付时间，改善可交付质量
- 提高现有参与的效率
- 提高为销售代表确定的商业机会的质量
- 根据历史销售数据进行验证分析和报告销售机会

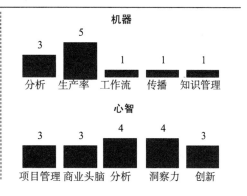

效益

生产率	上市时间	新能力	质量
• 2015 年节省约 3000 小时；2016 年将节省 6000 多个小时 • 推动了 150 多个 CRM 机会，同比增长 19% • 本年度采取 60 多项竞标行动	• 结构化可交付成果（平均）快了 27 个小时 • 出价提高 40% • 支持（平均）50% 更快的推送机会，并引导销售人员	• 基于 SI 平台的流程（70% 的机器和 30% 的心智） • 提供世界地图信息的网络容量数据库	• 销售人员对机会的接受度增加 30% • 分析师访问 CRM 并与销售人员、高级管理人员一起参加现场研讨会

实施

- 0 ～ 8 个月：人工执行以帐户为基础的营销；识别数据库和可交付成果的自动化部分
- 9 ～ 16 个月：创建模板，确定数据库和自动化部分的可交付成果
- 17 ～ 24 个月：开始开发机会搜索和识别过程，由创建销售触发库支持；运行测试
- 25 ～ 32 个月：用自动位置绘图工具来处理越来越多的投标支持；开始建立 SI 平台
- 从 33 个月开始持续：确定的机会线索产生约 150 个账户

观点 8

正确的用户互动：用户体验的艺术

现在来看看良好的用户体验设计需要考虑什么。在 2010 年 5 月的"UX Magazine"中，心理学家和认知科学家 Susan Weinschenk 博士解释了好的人机交互应该关注以人为本的观点。对此，有以下 10 条指导原则：

1. 最小化人脑的工作。 在每个阶段只提供绝对需要的东西。使用从每个人的行为中所学到的默认设置。如果需要的话，让人们确定下钻数据。

2. 接受人脑的限制，并接受不同的人脑工作。 我们使用的方式是提供最少量的文本、直观的可视化，并且不需要多任务。告诉人脑确切需要做什么，避免混乱。假设终端用户是一个通才而非专家。允许某种程度的自定义用户偏好。

3. 提前考虑人脑会犯错误。 对错误进行预测，并试图阻止它们。要求确认，允许撤销。在展示（rollout）前执行强劲的用户测试。

4. 假设人脑总是在遗忘。 人们最多记得三四件事情。

5. 记住人脑是社会的，但是机器不是。 人们是社会的并寻求社会认证（例如通过评级和评论）。合作加强了人脑之间的联系。对用例来说，找到易于互相交流的方式是必要的。例如，使用实时聊天而不是要求人们互相呼叫。设置电话是笨拙的并且需要很多时间。实时聊天是社交性的，但是同时也很有效率。

6. 抓住人脑的注意力。 通过视觉上变化的元素，让用户专注于手头的任务，突出变化，发送简单提示。

7. 记住人脑渴望信息。 人们需要关于正在发生什么事情的反馈。我们在哪个过程？还有几个步骤仍需要继续进行？

8. 认识到人脑是无意识执行的。 图片、互动元素和故事的效果很好。构建心理信息，不要只给出机器所需的。一个很好的例子是：我们的创新平台分析了专利情景，并在每个射线结束时以星形图显示信息。圆圈是可点击的，为了进一步深度探讨特定的子区域，我们的程序员将它们编程为点击时会有一点点摆动。专利专家认为这在相当枯燥和具有技术性的专利领域是非常有吸引力的。

9. 找出用例的思维心理模型。 不同的人在他们的脑海里有不同的模式。一个书呆子和一个非书呆子相比可能会有不同的方法。用户体验需要反映实际终端用户的心理模型，而不是程序员的心理模型。

10. 记住人脑喜欢可视化。 从视觉上指导用户：密切相关的事物应该在屏幕上进行分组。可视化比文本更有效。如果必须使用文本，那应该使用大字体。

我发现这个心理学家的观点很有趣，例如用户体验设计的常规描述更侧重于技术方面。这并不奇怪，他们非常有可能是由技术专家写的！

但是对于终端用户来说并不是仅有"最后一英里"接口那么简单。在任何分析用例的工作开始时，都需要考虑用户体验的设计。糟糕的用户体验设计无疑是分析用例有负投资回报的十大原因之一。但是如何确保成功的用户体验设计呢？

规则 1：了解你是否需要外部帮助来进行用户体验设计。 不是每个人都可以收购用户体验设计公司，也不应该这样，特别是当公司文化差异很大的时候。我们决定寻找外部帮助来进行用户体验设计，并且对此决定感到非常高兴。

规则 2：了解终端用户的需求和工作方式。 这也是心理学和人体工程学的用武之地。有效载荷如何传递？我们如何让终端用户采用交付的成果？必须配合和观察日常工作中的人。

规则 3：使用快速原型。 正如 Tom Wujec 在"TED Talk"中解释的那样，你知道在"用棉花糖搭意大利面"游戏中幼儿园的孩子比工商管理硕士表现得更好吗？[1] 在这个游戏中，一组最多有五个人，每组有 30 分钟的时间用大约 30 条意大利面条来构建一个直立结构。这个结构需要能够支撑棉花糖的重量。我们在印度的一个管理处玩这个游戏。为什么这是相关的？幼儿园的孩子在不知情的情况下使用快速原型。他们快速尝试，从失败中学习，再试一次，再学习，一直解决问题直到这个结构有用。工商管理硕士有可能与正确的设计对抗，玩无休止的、无聊的自我游戏，并最终失败。

规则 4：用不同角色进行测试。 只用最易说服的早期采用者来进行用户体验测试并不够好，因为这些人可能是所谓的宅男。也就是说，他们在家里的日常生活中会自己编程。对各种人进行测试，尤其是那些最难说服的人。

规则5：**为公司制定一些标准模式**。从成功的用例中学习，并将这些用户体验设计作为公司的标准。不要一直重塑世界。亚马逊、苹果等众多巨头为什么只有一个渠道进行用户互动？人脑是懒惰的，并不想有太多的工作，不想记住太多不同的人机接口。简单获胜。

下面是来自 Neil Gardiner 对每个互动的一些实用建议。

面向用户体验设计的伙伴关系

如何授予用户体验以及需要什么样的团队？

假想的场景是在公司内部拥有一个用户体验设计团队。困难的部分则是如何找寻正确的人（他们知道你在探寻什么）并说服他们只为你的产品服务。如果你计划将所有内容都放在一个屋檐下，并且如果你有空间和资金，这种方法会起作用。如果这根本不可能——而且一开始往往也确实不可能——那么去求助一个外部机构就是最好的方法。找到一个可以满足你所有需求的代理机构很少见。根据我们的经验，一个团队通常最好由一组专家组成：用户体验设计师、用户界面设计师、开发人员、分析师和搜索引擎优化（SEO）专家等。一个良好的用户体验团队用能够将你连接到合作伙伴网络，并帮助你找到最适合该工作的人。

如何初步选出这些机构？问问周围的人：声誉大有帮助。用 Google 搜索一下"用户体验设计师"，你将很快找到这些人中的佼佼者。有些公司偏向于研究，而有些则倾向于视觉设计；还有一些公司介于两者之间。必须弄清楚你的产品需要什么。一旦你有一个想要接近的初步机构列表——3是一个很好的数字——和他们会面并看看你们会如何相处。你需要的是一家诚实并且可以指导你的公司。让你的想法去面对用户的挑战和测试是非常重要的。确切了解你将与谁合作以及他们如何计划运行项目。

适合是最重要的事情。找到一家能够帮助你实现期望的公司，以助于你完成自己做不了的工作。如果他们与你是同一行业，这会是一个优势但是并不是关键的。无论是哪个行业，一个好的用户体验公司都可以解决你的问题。技能

是可转移的。

空间邻近会有益处。能够坐在同一张桌子旁边提出想法并做出决定总是有用的。然而，这不是必需的：许多团队使用 Skype 或 Google 群聊进行远程会议。诸如 Join.me 之类的屏幕分享工具使每个人都可以轻松地看到正在讨论的内容。

一个项目并不一定必须拥有一个大型团队，但是这取决于你需要做什么以及实现的速度有多快。团队越大，需要的协调则越多，所以它不一定会变得更有成效。

在客户方面，你需要一名或多名专家来推动这些需求，充当宣传者（sounding board），并回答他们接下来的许多问题。这通常只是一个人，但是有时若有多名专家可能会更好，因为这样可以使他们更加专注，更具有批判性，不用太多地担心工作的完成。你还需要一个产品管理者，例如 CTO，也就是推动项目生产的负责人。这个角色应由一个人担任，提前做出正确的决策对于长期的成功至关重要。

在用户体验设计方面，你需要一个带头的用户体验架构师，一个驱动底层组织和产品流程的人。这个人将帮助捕获用户需求和业务需求、生成流程图并开发线框原型。他们将对概念进行测试和迭代，并与开发人员和用户界面设计师一起努力，生成一个你可以发布和测试的精致产品。

你需要准备好对产品的设计进行迭代。每件事情很难从开始（get-go）就一直完美。随着时间的推移，迭代和更改可能会变得更加精细，但是这取决于每次测试的发现。对一小群人进行测试可能足以证实你会遇到的任何疑虑。如果不再出现所怀疑的问题，则需要使用更广泛的群组进行测试。需要注意不要根据一个用户的意见改变或重新开发功能。一个常见的陷阱是某个客户一直坚持要求的功能，最后却发现只有他需要这个功能。

渴望不断地改进你的产品，你不能停滞不前。改进不一定意味着只是添加功能，也可能意味着删除一些功能。它只是意味着继续听取用户的需求，并尝试保持领先于你的竞争对手。

MVP 是一个被广泛使用的术语。它应该是你可以发布的最精简的产品版本。这是人们喜欢使用，但经常发现易于放弃的术语。这是你团队的竞争力所在。在客户端有多个人员有助于决策过程的合理化，这个决策过程涉及第一次发布中应该包含哪些内容以及剔除哪些内容——理想情况下，其中一个利益相关者将专注于保持精干。我们很容易在人们能够使用但不是必需的功能上花费大量时间。但是你必须不断地问自己："如果我明天要发布它，我可能遗漏了什么？"

Neil Gardiner，Every Interaction

InsightBee：Every Interaction 公司的 UX 设计研究

背景

组织
研究和分析提供商

职能
数字用户体验设计

行业
商业市场智能

地理
在英国和欧洲发布
全球规模

商业挑战

- 将 Evalueserve 公司内最佳的报告转换为自助式按需的数字
  解决方案
- 通过互动改进增强用户体验和满意度

解决方案

UX 设计流程

学习：迭代并重复该过程

理解：获取行业洞察力和客户愿景

部署：启动此版本

分析：了解客户的建议和竞争对手的景观

构建：创建一个工作最小可行的产品

计划：定义如何解决问题

设计：定义外观和感觉

草图：创建一个快速原型来测试主要用户流程

迭代：改善体验

测试：对用户和客户端测试原型

方法

- 组建一个结合技术、视觉和设计的团队，通过采取原始团队的愿景，并将其转变为一个基于网络的解决
  方案
- 从研究概念证明和定义用户体验开始
- 定义并建立一个定制的交易流程，以测试市场的最小可行产品
- 仔细进行迭代学习和开发过程
- 一旦客户群建立，扩大产品范围

（续）

挑战的解决方案

- 小团队意味着快速的决策和变化
- 全球团队使得能够找到具有最好技能的人，无论他们在世界的什么位置
- 业务团队能够快速将商业模型从现收现付转向企业计划
- 关注用户体验意味着决策是基于可用性的
- 测试有助于识别人们在努力理解什么
- 创建一个可靠的设计语言意味着新产品都具有相似性和一致性

收益

生产率	上市时间	新能力	质量
• 某些报表类型的周期更快	• 比任何可比方法快50%	• 轻松管理大账户 • 按需订购	• 高品质、价格合理的报告，无需前期投资

实施

- 从概念到 MVP 发布的时间为 6 个月
- 第一年每月均增长 30%

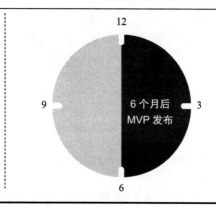

观点 9

综合的知识管理意味着速度和成本节约

为了获得有效载荷，知识管理必须是**有目的的**、**具体的**并且是**面向行动的**。好的知识管理可以大大提高分析用例的投资回报率，但是一开始必须将其纳入到每个用例的规划中。知识管理的机会分为 5 个层次：

1. 提供的内容。应存储第 3 级洞察力和第 4 级知识以供重复使用（不要与存储第 1 级数据或第 2 级信息混淆）。特别是在大型组织中，某几个人寻找相同或非常相似的分析的可能性非常高（例如在咨询或银行业务中）。在研究和分析中我们看到重用率约为 15% ～ 20%。重复使用会降低成本，但是更重要的是，可以通过自助服务或缩短用于修改原始可交付成果的时间来加快重复使用的交付。当然，需要构建工作流，以便在没有太多或完全没有任何人机交互的情况下，对洞察力进行正确的存储和标记，并且能够方便地搜索和访问以重用。

2. 用例框架。分析学在知识环的每个步骤中都包含许多模型和内置逻辑。这不仅仅是 R 或 SAS 中的"头号杀手"统计分析，如何收集、清理数据以及为准备分析进行数据结构化都有逻辑，而在分析的可视化和传播以及知识管理方面都存在很多逻辑。最重要的是，在流程中也有很多逻辑被丢弃了，例如不够健壮的数据、测试过但是被拒绝的人工智能算法、无效的统计模型或不被"最后一英里"用户接受的统计模型。存储学习到的经验教训有利于避免将来重塑世界。图 3.4 显示了一个分析用例的自上而下的简单观点，从数据开始并以传播结束。此用例框架（Use Case Framework，UCF）提供了一种用于存储和重用任何用例中各种元素的模块化方法。

3. 元级信息。每个用例都会产生大量的元级信息（如描述创建和运行用例的过程信息）：项目计划、涉及的团队、责任人、用法、成本、发生的变化、审计跟踪，当然还有投资回报率。好处是缩短现有用例或新用例的开发周期，以及更好地管理商业元素、风险和负债。

4. 用例组合。公司必须管理越来越多的用例。用例组合很容易变得笨重和不透明。想象一下，在某公司有一个包含 500 个物联网用例的组合。如果用例组合可以在用例组合的层次上进行管理，治理会变得更加容易。当然，需要易于使用的工具，但是这是用例方法论哲理可以提供必要通用语言的地方。

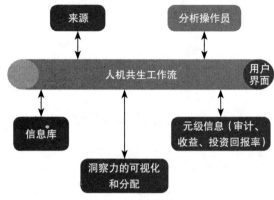

图 3.4　用例框架（UCF）

5. 知识目录。也就是公司里"谁知道什么"。尽管这种模式的实用性已经在很多年前得到证实，但是实际上很少有公司使用这种模式。它非常容易理解，投资回报率很高。

我们现在知道该做什么，但是事实上关键是实现过程。下面是 10 个唾手可得的（low-hanging fruit）、成功的知识管理规则。

❑ **规则 1：为每个用例提前规划知识管理**。知识环帮助我们尽早彻底地想清楚每个用例的知识管理。如果可以发挥重要作用，早期识别将确定优先权。例如，智能知识管理可能具有比尝试迫使复杂人工智能和机器学习进入用例更大更容易实现的客户优势。

❑ **规则 2：设定知识管理的组织激励**。正如第二部分所讨论的那样，真正的知识管理并不是以无私的方式发生的。"对我来说里面有什么"是最终的问题。这种激励必须在两个方向都有效力（have teeth）。除非知识管理是绩效管理的一部分，并且被真正监督和评估，否则影响力将会受到限制。标准必须是严格的、简单的以及基于输出的，而不仅仅是基于输入的。例如，花费了多少时间或者写了几页文本并不重要。

❑ **规则 3：重点关注第 3 级洞察力和第 4 级知识，避免第 1 级数据的数据湖，并小心对待第 2 级信息**。抵制存储一切数据的诱惑，因为你仅仅拥有或使用它们一次，除非由于监管要求或合规性相关规则（尽管这样，还是要确保去挑战诸如"我们需要这样做——我曾经听监察员这样说过"的声明)被迫存储它们。存储已用输入数据的数据湖或通用的 wiki 并不是很好的知识管理，特别是考虑到第 1 级数据会很快地过时。只有在非常有可能重复使用的情况下才应保留第 2 级信息。真正的价值存在于具有更长的生命周期及行动驱动的第 3 级洞察力和第 4 级知识上。

❑ **规则 4：专注于高投资回报率的用例**。知识管理应着重于有明确定义的用例，它们用于实际行动，并产生投资回报。知识环有一系列唾手可得的用例：有自己的结构和限制的数据源；数据结构化的映射；数据清理逻辑和算法；分析模型，包括编程脚本(包括以前使用的和丢弃的)；提供分析洞察力；可视化模板和算法；可重用和更新的资产，例如知识目录、凭据、发行公告、合法披露和陈列模板。前面提到的 Logo 数据库就是知识管理中一个很好的高投资回报率用例的例子。

❑ **规则 5：利用元级(meta-level)信息，确保用例组合的一致性**。如前所述，有多种利用元级信息的用例。用例的客户收益和投资回报率当然是整个用例组合管理的最重要的组成部分，而与合规性相关的信息可能会节省你一天的工作，学习早期用例可能会帮助你节省大量的时间和金钱。诀窍是将系统地捕获信息作为正常工作流的一部分，这需要正确的工具和流程。一次性练习可能有助于填补一些差距，但是它们在用例组合级别(即资源需要分配给不同的用例的情况下)不能带来好处。

❑ **规则 6：将知识管理嵌入到工作流中，并使用简单的工具**。知识管理不会自然发生，这就是为什么第 3 级洞察力或第 4 级知识在出现时就应该被标记和存储。这意味着正常的工作流需要以半自动的方式支持心智。经验表明，离线专门进行知识创建会浪费太多生产性的工作时间，并在热情消失后会相对较快地被遗弃。

❑ **规则 7：让负责任的知识管理者保持纯粹的知识资产**。专业知识资产(例如 Logo 数据库、银行存款凭证、凭据、CRM 数据或模板)应由知识管理人员集中维护，他们完全对知识质量负责。这比没有明确责任的分散化、非专门化的方法更有效率和效力。我们的经验是，知识管理可以很快地修复重大的质量问题，并节省大量使用不良数据的直接和间接下游成本。正在进行的维护也受益于专业化，将任何资产的生命周期成本降低不止 50%。

❑ **规则 8：将自动到期作为对话知识管理的指导原则。**如第二部分所述，生命周期的效益（life span）各不相同。确定用例预期生命周期 1～4 级中的级别，除非在此生命周期期间进行刷新，否则将其标记为过时。基本原则应该是：除非有证据表明用例或其内容应该继续存在，否则对其自动归档，而不是相反的方式，这在大多数公司中仍然是主导的模式。

❑ **规则 9：使用知识对象架构和 UCM 等现代概念。**当然，UCM 需要一个信息架构来管理单个用例及其组合。基于此开源架构的工具可以帮助高效且有效地执行前面所述的任务，甚至在分布式环境中也能如此。InsightBee 的 K-Hive 是实现知识对象架构的一个很好的例子。它完全集成到 InsightBee 的工作流中，并且可以支持可交付成果或可交付成果部分的高效重复使用。

❑ **规则 10：管理投资组合。**使用每个用例的元级信息来管理投资组合。UCM 使得用例在其生命周期中是可比较和可管理的。生命周期的决策是根据事实和数字而不是个人喜好做出的。

数据架构是知识管理的核心

什么是公司战略？什么是数据分析用例的好处？

了解这些问题对于人类来说似乎很简单，但是机器需要某种结构才能处理和存储内容，然后将其转化为知识。数据架构定义了这样的知识结构。

设计适当的数据架构需要时间，并且通常需要多次迭代。我们始终努力争取经过深思熟虑但尽可能简单的结果。

在 InsightBee 和用例框架方面，我们面临着类似的数据建模挑战。

对于 InsightBee 来说，其中一个关键的挑战是定义一个支持机器处理但是同时可以有效地进行心理干预的数据架构。例如，从外部应用程序编程接口（例如 Dun & Bradstreet）收集的所有原始输入数据必须转换为常见的 InsightBee 数据模型，以进一步进行机器处理。此外，同样的数据模型也需要为人类研究员提供特定要素以验证数据输入，并将执行摘要作为研究过程的结论写入。

数据模型经过几次迭代后，我们终于满意了，并将其称为 K 模型。它由称

为"知识对象"的结构化元素组成，是一种 InsightBee 在人机共生兼容方法中描述公司、管理人员和行业的标准化方法（见图 3.5）。

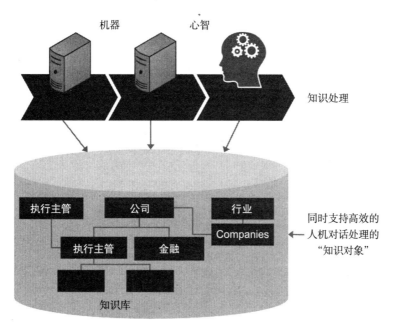

图 3.5　在同一优化数据模型上的人机共生

对于 UCF 情况则更加复杂。最大的挑战是找到一个可以代表数十亿个潜在分析用例的数据模型，同时它又不过于复杂，易于人理解和操作。数据模型必须允许业务用户询问关于一个分析用例关键方面的各种问题——例如"从分析客户数据中可以获得哪些商业利益？"或"在其全部生命周期中对我的客户有什么价值？"

最后我们得到一个关键属性结构良好，还包括更多通用的文本元素的数据模型来捕获非结构化数据。例如，"成本 / 收益类型"是一个结构化元素，它定义了解决方案的预期收益，其可能的值为"销售增长"。"业务问题"是为解决方案架构师记录经理问题（需要由分析用例回答）的一个非结构元素。

为了处理模型复杂性，我们为分析用例内容引入了 3 个抽象层次，如图 3.6 所示，在每一层次都有更多的细节被添加到分析用例中。顶级（解决方案）的内容可以在公司之间共享，而不会泄露敏感的公司信息，而较低的两个层次包含公司和项目信息（例如，指向公司特定数据源的链接）。

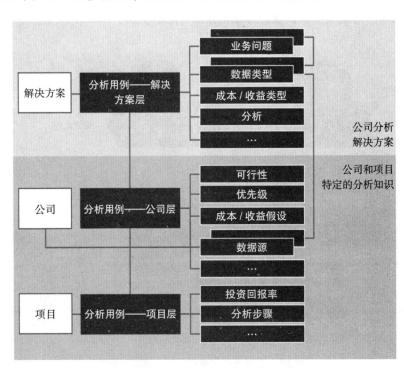

图 3.6　用例框架数据模型（说明性的）

你现在可以长吁一口气了，因为你不必了解这一模型的细节。我们的目标是用一些例子来说明。在我们对当前的 UCF 数据模型感到满意之前花费了很多功夫。不过我们相信今后将会进一步开发这个模型。如今，即使数据模型也需要敏捷一些。

在创建 InsightBee 和 UCF 期间，我们发现以正确的方式构建知识对于支持人机无缝协作并有效管理知识至关重要。对于所有的模型你都必须小心，不要过分使事情复杂化。一个非常复杂、高度结构化的知识模型可能会给书呆子带来欢乐，但是肯定会挫败一个努力捕捉和重用知识的市场研究员或数据科学家。

Michael Müller, Acrea G

本章展示了有效知识管理的好处。想想你自己的组织，并尝试找出可以利用的机会。你找到了吗？

观点 10

商业模型：现收现付或单位定价

你想要充分透明地查看作为一个用例的所有者对用例的付款信息吗？用例方法（UCM）提供了一种以非常透明的方式剖析人机共生分析成本的方法。用例的业务问题已被明确界定，企业家和终端用户（即主要受益人）已被命名，产出和客户的收益是准确的。这些都是价格透明所需的成分。

此外，用例方法也非常适合现收现付（PAYG）和单位定价。当然，并不是说每个用例都适用于现收现付和单位定价，但是至少有 20% 的分析用例可以用这种方式定价，因此如果用例方法被普遍应用，可能使用比例还要更高。

现收现付和单位定价还有另一种重要优势。越来越多的分析解决方案由来自不同供应商的几个组件组成。例如，Evalueserve 公司的"InsightBee 销售智能"解决方案使用多家供应商的组件。这与汽车价值链的一级、二级和三级结构非常相似。如果 Evalueserve 公司销售一个"销售智能"模块，那么会有效地帮助供应商销售很多组装到"销售智能"中的产品。因此，柜台将登记出售的单位数量，供应商可以根据需要进行补偿。因此，这个用例的整个供应链就变成了基于单位的，这降低了 Evalueserve 公司的风险，并给供应商一部分好处（upside），就像收入分成协议一样。

这个概念怎样实现呢？

❑ **规则 1：通过分析用例的围栏（ring fence）收入和成本（如果关联的话）。**
与你的财务部门合作，了解如何针对个别用例或一组用例收取费用。用例成为可以计算投资回报率的经济实体。当然，常识应该被合理采用，因为太模糊的模型会导致高的管理复杂化。

❏ **规则2：尽早确定经济模型并创建菜单。**大多数分析用例都是在内部销售的，而有些则会产生外部收入。确定用例是否适用于现收现付或单位定价，或者是否应使用基于输入的模型。在任何一种情况下，应在生命周期的早期确定经济模型。以产出为单位的价格显式菜单会产生透明度。

❏ **规则3：跟踪收入、成本和客户收益。**用例的投资回报率将取决于这些变量，用例组合管理将最终决定用例的命运。

❏ **规则4：使集中分配透明。**要求管理部门显示每个用例的成本和资源，随时间推移，这将减少非透明的分配。

❏ **规则5：通过将经济模式推送给供应商来降低经济风险。**对于由你承担用例的所有经济风险是没有理由的。通过与供应商一起提供基于单位的薪酬模式，你可以更灵活地管理自己的业务风险，特别是数量的波动。供应商将以正确的方式使用人机共生模式，这样就更具有竞争力，并将在用例生命周期中期为你带来更多的客户收益。

❏ **规则6：识别用例的商业机会。**一些用例可能具有外部商业潜力，在用例生命周期的讨论中应包括对这些机会的标准评估。

InsightBee 及其各种解决方案基本上是现收现付模型，展示了在商业方面的用例方法优势。InsightBee 上的每个用例完全是现收现付的。如果你看了比较多的书籍，并且进行过比较，可以在银行业中找到另一个例子，并且在将来还会有更多的例子出现。

观点 11

知识产权：人机共生的知识对象

如果管理良好，知识产权（IP）可以代表一个机会。但是如果缺乏管理，它也可以代表一种风险。下面一系列有趣的情况将展示认真对待知识产权管理的必要性：

❏ **情况 1：资产交易（知识对象、报告、模型、机器、模板、用例）**。通过从其他公司购买物联网用例这个途径，公司可以节省多少成本？在用例实施的过程中，这些采购的公司可以节省大量的时间和金钱。销售公司将找到一个渠道，对用例投资及其创建的知识产权进行投资。同样，一家公司也可能使用付费方式获得 K-Hive 的知识对象从而受益。

❏ **情况 2：PAYG 或单位定价产品的小额付款**。想象一下，一家信用卡公司的清洁数据包成了一家分析公司生产的分析产品（例如零售销售分析）的一部分，并且每周按单位销售给当地零售商。如果数据发行商可以从销售给零售商的每个报告中获得小额付款，那不是很好吗？分析公司肯定愿意支付资金，但是需要一种简单的方法来计算产品并按约定的频率（例如每月）结算付款。

❏ **情况 3：数据的起源**。这几年，一家银行的指标小组一直在使用某一数据流（由数据供应商提供）每天生成特殊的跨资产类别指标。该指标最初由这家银行后来收购了的公司提供，该公司继承了数据合同。现在，银行的几个单位出于其他目的使用相同的数据流。所有人都没在法律尽职调查期间研究条款和条件。合同中的一个条款规定，数据流只被许可用于跨资产类索引。因此，该银行承担了潜在的可能需要花费数万美元的大型法律责任。

很明显，目前这种知识产权交换没有有效的机制。当然，公司可以为更大的用例起草合同，但这是一个非常冗长和昂贵的过程。此外，合同将存储在一些采购系统中，实际的数据资产将存储在其他地方。此外，如果用例发生变化，谁能确保让合同所有者知道这些变化？

显然，人机共生分析中的知识产权需要一个精细的模型：允许市场参与者在按付费方式或一次性使用过程中，轻松地进行交互。本章提出了一个基于第二部分讨论的知识对象架构的模型。InsightBee 的 K-Hive 也是基于知识的对象。可以肯定，这个模型仍然是一种尝试，最终也不一定会成为市场的主导标准。然而，鉴于在分析领域中越来越多的机器角色，忽视一个有效的知识产权模型的需求将是非常危险的。因此不管怎样，我们需要商定一个基于市场的、开放源码的人机共生分析标准。

在人机共生中，这些可以潜在交易或授权的资产（或知识对象）是什么？我个人认为它们是知识产权的"切片"。例如，一个竞争性智能文件的最佳实践模板（而不是实际内容）可以被授权给其他公司，为什么总是重新发明模板呢？以下是 9 种可销售资产：

1. 第 1 级的数据。

2. 第 2 级的信息。

3. 第 3 级的洞察力。

4. 第 4 级的知识。

5. 报表（或其部分）。

6. 模板。

7. 模型和算法。

8. 机器。

9. 完整的用例。

因此，有一个想法是使用知识对象架构来标识所有权信息，以及所有者的知识产权的任何信息（例如使用或支付的限制）。知识对象保留了所有相关信息，如果有人使用它，因为标签附着在知识对象上，所以可以很容易地确定谁拥有它，在使用方面存在哪些条款，而协议可能存储在远处。它们也可以嵌套（即由其他知识对象组成），这样可以构建整个价值链，当最终产品销售时，可以保护价值链中各级供应商的权利。计数器将存储知识对象在标签中的使用历史。在月底，利用简单的程序就可以算出各方需要支付的金额，并可以向所有者提供小额付款。

当然，在本书写作时，上述功能的软件基础设施还不存在。然而，知识对象已经被实现和使用。扩展标签以添加处理知识产权的功能是下一个相对简单和合乎逻辑的步骤。

观点 12

创建审计跟踪和风险管理系统

风险管理现在已经没有那么好了，事情变得逐渐严重，工作有风险（on the line）。

本章不是关于金融机构风险管理的分析用例（例如股票投资组合的市场风险），后者当然是数千个用例的巨大区域，而是关乎人机共生的风险以及如何管理这些风险，还有作为企业家需要知道的问题，以便他们提出正确的问题。

公司可以拥有成千上万的分析用例，并且还有更多的分析用例会接连出现（例如物联网和大数据）。机器可以扩展人们可能已经做过的任何事情，而且它们做得更快。但是这也意味着错误可能加倍增加，并且在更短的时间内更广泛地分布。请回忆一下大众汽车（Volkswagen）公司的分析软件增加了几百万倍。

此外，鉴于黑匣子的性质，提高人工智能（AI）的水平也不会降低风险。所以，很明显，人机共生用例的组合需要适当的风险管理。最终，正如最近高调的用例所示，企业家（而不仅仅是技术专家）将被认为是适用于执行任何人机共生活动的人。鉴于企业家和分析人员经常轮班工作甚至离开公司，所以必须将任何风险管理制度化，而不仅仅是记在人的大脑中。一些人还记得，早期银行的支付程序使用诸如 COBOL 或 FORTRAN 的古老语言来写，但这些程序在记录方面表现很差或者根本没有记录。另外，随着前期程序员的离开，因为担心造成财务混乱，所以没有人敢碰那些代码。因此这么多年来我们看到的一些分析用例并没有太大的不同。

用例方法为风险管理和合规性要求提供了一个很好的环境，因为它将不透明的分析分解为具有明确责任分配和义务的可管理部分。因此，它也有助于放宽个别用例的受限合规性要求，从而降低成本，提高速度。关键是每个用例都是单独管理的，或至少是在小型同类群体中进行管理。

以下是可以在用例基础上实现的一些规则：

❑ **规则 1：检查当前和预期的操作所在的监管环境。**

❑ **规则 2：检查内部合规性规则。**是否合规？根据合规要求，是否有不必要的限制？

❑ **规则 3：检查下游的前三大风险和潜在责任。**如果出现问题，对于终端用户或客户的损害是什么？

❑ **规则 4：检查上游的前三大风险和潜在责任。**确定有权使用所有的数据和工具吗？是否遵守了使用条款，特别是在进一步分发给终端用户甚至外部商业化时？

❑ **规则 5：检查沿着知识环的前三大操作风险。**哪里可能出错？无论是对于心智还是机器，我们是否有正确的质量检查方法？

❑ **规则 6：尽可能将你的用例作为未来的证明。**是否有任何可能影响用例的法规趋势或合规性规则，例如在 2018 年将会引入通用数据保护条例或欧盟 – 美国隐私盾？

❑ **规则 7：创建必要的审计跟踪系统。**容易理解（no-brainer）的是创建、运行和修改用例时谁做了什么的日志，还应记录质量、合规性检查和程序。

投资银行是一个很好的例子，因为它们受到越来越多的关注。它们运行了成千上万的模型，这些模型催生了在市场上销售的金融产品。有时，这些模型并没有在分析师之间传递的 Excel 电子表格复杂。大多数银行现在非常认真地进行模型审计，也发现了许多潜在的错误（例如公式、参数范围、编程错误或缺少记录），从而可以以及时更正。

在 UCM 中，知识对象架构为知识对象的审计跟踪提供了一个很好的框架，因为它们可以被轻松地标记，并且标签与它们一起移动。因此，可以用自动方式分析知识对象的分析历史，而无需访问某些集中存储起来的审计跟踪信息。如前所述，知识对象架构还不是主流，但是一旦有足够的可用支持软件，它的开源特征就能使每个人受益。

观点 13

正确的心理学：聚集人的心智

当然，除非是黑盒子或者编程错误，机器几乎可以做任何被告知的事情。但是机器至少没有任何隐藏的议程。如果人工智能变得非常好，使机器开始有这样的议程了，那么可能（将在人工智能机器人的帮助下）必须写另一本书了，但是这可能还要几年了……我希望如此吧。

人类心智是非常不同的，正如在第一部分所看到的那样。人有强烈的情感，以及一个令人惊讶数量的开放、隐藏的议事日程，它们都大大影响用例的运行和结果。通常情况下，心理学可能会使成功和失败产生差异，但是没有人能够想出用例精神治疗师。好消息是，有一些简单的措施可以显著提高成功的概率。以下是一些非常实际的措施，它们可能已经解决了大约 75% 的挑战。

❑ **规则 1：使用用例方法。** 用例方法通过精确定义用例，已经解决了大多数的调整问题。将用例集中在一组同类终端用户上，可以清楚地知道谁需要什么以及谁来支付。在模糊的方法中，中心团队必须同时服务于拥有不同需求的主人，这可能导致不同群体的终端用户在"意大利面"式互连的用例之间发生重大冲突，使中心团队陷入困境。

❑ **规则 2：使团队成员意识到陷阱，并提供针对性的培训。** 当团队成员已经意识到在第一部分中概述的心理问题时，可以获得很多帮助。这不仅仅与需要软技能和沟通技巧的分析师有关——参与项目团队的终端用户对需要克服的分析和技术挑战也有一定的了解。

❑ **规则 3：分配角色并建立企业家作为决策者。** 必须明确谁最终发号施令。显然，最常见的问题是，企业家并不隶属于中心分析团队所在的部门。然而，企业家最终是预算管理者，并且需要迅速做出决策。同样，项目经理需要带领整个团队，无论成员来自组织何处。一个典型的错误是有一个技术团队和一个业务团队，两个独立的团队领导者的地位相同。这在大多数情况下不起作用。

❑ **规则 4：建立起那些书呆子和非书呆子的通用语言**。尝试阅读一些会议协议，这时候你就会意识到难怪有重要的问题！终端用户通常不熟悉技术术语（tech jargon），技术专家通常也不了解具体业务用语（business lingo）。一个精确定义的简单词汇表就会有所帮助。

❑ **规则 5：使开发团队共处（Colocate）**。如果可能的话，至少在用例设计的初始阶段，以及进行生命周期管理时，让团队在同一个房间内一起工作。这是快速迭代设计和分析规则集的唯一方法，并进行 10 000 多个微设计决策。电子邮件或共享文件夹根本无法正常工作。当然，视频会议有助于在地域分散的情况下解决这种情况，但是只用在电脑之间。预约视频会议室太正式了，而且不太可能那么频繁。

❑ **规则 6：让宽客（quant）和分析师尽早与终端用户直接合作**。中心团队需要体验终端用户的生活环境。他们需要花费几天时间了解终端用户的工作方式、日常压力以及如何使用用例帮助用户。无论描述得多么好，他们可能根本无法与那些被感知的背景一致。用户体验设计和工作流整合的问题可以用这种方式更有效地得到解决。

❑ **规则 7：确保与目标保持一致——重复、重复、再重复**。用例保持变形，特别是在设计阶段。其他单位也可能要捎带上（piggyback on）项目。所有这一切都可能导致目标的变化，其中涉及的大部分工作可能隐藏在冰山之下。

❑ **规则 8：粉碎小的权利游戏（crush little power play）和隐藏的议程**。这条规则没什么新鲜的，但是它仍然是一个被忽视的区域。搁置数据、来源于更高的教育水平（特别是在竞争环境中，例如在统计学中的 MBA 和博士之间）的优越感以及其他类型的权利游戏都可以大大降低效率。

❑ **规则 9：公司而不是个别业务部门拥有信息资产**。有时这个规则需要解释给使用各种不同用例或者产生一些数据源的团队。有效的分享有助于缩短时间（time line）和成本。除非有真正的合规性问题（例如，在推动股市的并购热门洞察力情况下)，那么对于不在一个给定的公司内分享的做法是没道理的。此外，分享最佳做法也可以大大提高用例的质量，降低风险，进一步改善客户收益。

- ❏ **规则 10：在用例级别建立基于用例的治理周期。** 大多数人都知道如何启动和执行项目来创建用例，但是一个用例启动的地方不是最需要这个规则的地方。在生命周期的中期和末期，都需要进行正式的决策。终止用例可以释放资源，但是实际决策和理由都需要适当地传达给终端用户。

- ❏ **规则 11：围绕用例协调激励和绩效管理。** 在几个不同部门完成了许多项目后，我们意识到项目经理需要有能力为团队成员的绩效评估投入精力，无论这些成员在组织何处。如果项目经理不能自由使用这种影响力，执行可能会受到影响。

有些规则可能对你来说是非常基本的，没错是这样的。然而，这些问题是真实的，并且始终突然出现，尤其是在人机共生分析方面。为什么？可能与分析用例的内在跨职能以及所涉及的个性类型的范围有关，这个范围在分析方面比在其他功能方面看起来更广泛。

观点 14

用例组合的治理：控制和投资回报率

想象一下，一片森林的业主让员工数出全部树叶的总数目，但是不幸的是，这名员工发现树叶的生长速度比他数树叶的速度要快得多。这基本上就是目前在人机共生分析领域发生的情况。每天都会出现更多的用例，因为人们期待着决策驱动和风险管理等方面的更多的洞察力。还有越来越多的数据来源可以被分析，更糟的是，可以分析的潜在可能组合指数增长，导致快速增多的用例组合。观点 14 将介绍在今天和将来如何管理这些用例组合。

我们首先来看看应用这些投资组合管理的 7 个管理领域：

1.人机共生策略。如何运用整体人机共生策略，在公司和业务部门层面定义用例组合？

2.资源配置和优先排序。如何将稀缺的中心和非中心资源用于用例？应该如何在个别用例和各种用例组合之间进行优先排序？

3.管理投资回报率和客户收益。如何确保了解每种用例产生的投资回报率和客户收益？如何持续管理投资组合的投资回报率？

4.生命周期管理。如何决定是否启动用例？如何决定延长一个用例的寿命或终止对它的使用？

5.知识管理、透明度和沟通。如何达成顺畅的内部沟通？如何创造兴奋点？如何保证向每个人都保持透明？

6.风险管理和审计追踪。如何掌握风险？如何有效地沟通内部审计师、外部审计师和监管机构，以保证我们能及时掌握风险？

7.组织架构。如何设计组织结构，如何平衡中心资源、非中心资源和外部资源？

在我们的客户群中出现过一些值得注意的最佳实践，这些客户包括一家全球汽车制造商、美国一家大型商业银行以及一家大型投资银行的研究部。这些客户的共同之处是，他们都发现了对于其所处的特定行业来说很有效的运营模式，并以非常积极的方式管理和协调他们的用例投资组合，从而最大限度地提高客户收益和投资回报率。

以下是一些似乎有效的最佳做法。但是，必须说明的是，这种模式最多是应急的，而事实上，很少有公司会全面实施这样的框架。

❑ **规则 1：建立中心治理框架。**公司应该像对待自己的证券投资组合一样对待自己的人机共生用例投资组合。这些都是需要用尽可能少的开销来进行有效管理的资产。你并不想牺牲所有人的时间去开无数的会议，去建立什么大型跨职能的辩论俱乐部。然而，必须有人对每个投资组合负责，也必须有人对所有投资组合负责。此外，还应该搭建规则框架，明确治理周期：规则框架应该确立大体的背景，而不是扼杀创造力；治理周期应该足够频繁以确保公司可以做出正确的决策，而不能成为"为艺术而艺术"的纸上谈兵。在这一点上，大多数公司将治理权交给中心分析单位，让成功的领导者推动议程（例如，汽车公司一般采取这种方式）。不过，我们也看见过非常成功的去中心化操作，例如投资银行的研究部门，其领导者就是全球首席运营官。问题的关键在于这些领导者都有着非常清晰的商业头脑，始终专注于投资回报率和客户收益，较少重视技术或分析。框架中最重要的规则之一就是，每个人都必须明白，资源将根据投资回报率和客户收益进行分配或剥夺；另一个重要规则聚焦于知识管理，提倡建立适当的激励结构。

❑ **规则 2：专注于投资回报率和客户收益。**当收益产生后，必须转化为投资回报率。我们已经见过许多没有产生投资回报率的用例，但是人们仍然对它们感到兴奋，因为这些用例看起来很酷很高科技。在最初，这些用例的效果很好，但是不久之后，企业家和控制人员总会开始要求客户提供利益和投资回报率。此外，我们还需要针对目标的监控：我们有一个使用 AI 的用例，但是它没有实现承诺的好处，于是我们停止了努力；另一种使用 AI 和机器学习的用例执行得很好，于是我们会加速这个用例的执行。

❑ **规则 3：让人机共生成为一个自筹资金（self-financing）的概念。**人机共生通过提高生产率，缩短上市时间，提高质量，并使终端用户能够做新事物的方式产生投资回报率。仅仅是生产率的提高，通常就能释放足够的资源来推进新的尝试。诀窍在于创建一个自筹资金的引擎，以将收益投入到新的用例之中，再次创造新的投资回报等。

- **规则 4：对用例进行优先排序并积极影响资源分配**。要确定使用的优先级，用例就需要做成具有可比性的模式，而投资回报率和客户收益可以做到这一点，它们是通用的比较语言。什么东西是大数据或小数据，使用了 AI 或是没有使用，这无关紧要。唯一重要的是投资回报率和客户收益。给予资源是很容易的，但是剥夺资源是很困难的，这需要事实和数字。

- **规则 5：保持用例模块化，避免太复杂的架构**。简单是取胜之道。为什么iPhone 这么成功？原因是简单且专注。这很容易实现吗？当然不是。能够管理用例意味着用例不能以不透明的方式与其他用例交织在一起，也意味着它们必须能够进行独立决策。如果用例为多个具有潜在冲突目标的用户组提供服务，可能的结果是管理费用昂贵且操作复杂。任何更改的产生总是需要多方进行循环决策。这可能需要耗费几个月的时间，甚至可能会陷入僵局。接口和用户组的数目越少，做出决策就越容易。这听起来很简单，但是令人惊讶的是，这往往很难实现。

- **规则 6：有勇气放弃用例**。人们常常会喜欢自己的用例，停止努力意味着浪费了之前的投入。然而，"沉没成本"的原则是非常明确的：过去的投资对于未来的决策并不重要。沉没的已经沉没了，重要的是未来的回报，而这取决于我们决定对哪个领域进行投资。最有效的领导者了解这一点，并能够及早放弃低投资回报率的用例。让有价值的数据科学家陷入低投资回报率的用例中的机会成本是很高的。

- **规则 7：在管理工作流的工具组合中收集和管理用例**。如果你工作的地点是有着 6 000 个模型的投资银行，或是拥有 500 个物联网用例的公司，那么文书的人工处理量将逼疯所有人，恰当的用例分析管理就不会出现。一些供应商已经为这些公司特定的分析软件包制作了专门的知识管理工具。然而，用例方法应该在多工具和多个供应商环境中工作，并为投资回报率和客户收益提供关键管理功能。Evalueserve 公司已经开发了一项正在申请专利的云工具，这是一款为用例方法服务的用例框架，可将个人用例管理作为整体投资组合的一部分。它存储了分析用例的主要元素，例如业务问题、分析方法和算法、数据模型、代码、审计跟踪以及用于描绘这些用例的许多其他参数。

❑ **规则 8：平衡中心、非中心和外部资源**。在人机共生的用例中，我们经常会碰到中心或非中心结构的问题。一如既往，答案总是两者的折中。该折中方案可以帮助定义指导方针，并代表企业家进行投资组合的管理。此外，该折中方案还拥有一些具有特殊技术、技能的稀缺和高素质的资源，这些资源对于用例设计而言是关键的要素，它还能帮助找到合适的外部合作伙伴。但是，与业务相关的特定资源应该尽可能接近企业或终端用户，尽量去中心化。专业化的中心资源不应承担低端第 1 级的数据工作（即数据管理），这些工作通常交给外部伙伴，成本会低得多。

❑ **规则 9：强化知识管理和智能平台架构**。如果公司提供适当的激励措施，则会鼓励员工更积极地工作，碰撞出更多心智火花，正如观点 13 讲的那样。用例方法工具在实施知识管理方面还有很长的路要走，但是心智最终必须相互分享、相互支持。此外，Evalueserve 还允许智能平台同时托管多个用例。启动下一个增量用例（例如采购智能工具或 InsightBee 上的销售智能工具）可以大幅度地缩短开发时间并减少投资额度。

❑ **规则 10：成为外向者——交流为客户获取的收益**。工作离不开它。庆祝你获得的成功，但是必须用终端用户能够理解的语言来表述，而不是用数据科学家才明白的语言。与公司领导沟通并展示成功的用例，用现场演示，而不是用 PowerPoint 做无聊的演讲。让管理层和客户都喜欢你的演示。

❑ **规则 11：将人机共生中的风险管理作为一个用例**。保证透明度是第一步。然后，用例方法有助于分解风险，并使它们在用例层面上容易理解。用例框架工具可以在总体组合的级别上进行风险比较。最终归结为谁该对哪个用例负责。用例方法恰恰提供了这些信息。企业家把问责审计跟踪功能存储在用例框架工具中，就可以说明一个闭环控制。

人机共生可以帮助公司在非中心模型中产生显著的投资回报。如果用例方法被额外地应用在整个用例组合中，所有相关方所获得的收益总和将会超过投资数额。

观点 15

用例的交易和共享

为何不进行人机共生用例的跨公司交易和分享呢？这样做产生的协同效应将是巨大的。全世界员工人数超过 50 人的公司大约有 120 万家。根据 MSCI 的分类，它们分属 156 个行业（120 个 B2B 行业，36 个 B2C 行业）。当然，每个主要类别下面还有大约 10 ~ 15 个子行业，但是这仍然意味着每个子行业都有大约 500 ~ 700 家公司，这些公司都有着同样或类似的业务问题需要解决，我甚至还没有把人力资源部门和财务部门算上，这两个部门的业务对于任何公司而言都是一样的。想象一下，如果这些公司可以从中心用例库中找到他们所需的用例，创建和运行用例的成本可能会减半，所用时间也至少可以减少 50%。

假定，许多公司认为他们的分析能力是其竞争优势的来源之一，对其中一部分公司来说的确如此。但是，我们来看一下投资银行股权研究估值模型的例子：每家银行都认为自己的研究比其他银行好，而机构投资者每年都会发布排名，我们会发现，某些投行竞争优势的真正来源并不是它们的 Excel 估值模型，而是体现在模型中的推断和假定，更重要的是股权分析师们深入的洞察能力。Evalueserve 公司在高度兼容的环境中维护了数千个这样的模型，而在此之前，没有任何一家银行的模型或数据可以和其他银行进行比较。令人惊讶的是，尽管分析师们都仿佛守着英国女王皇冠上的宝石一样固守着各自的模型，但是事实上，所有的模型都是如此相似，并无特殊之处。

每个投资银行都花费巨大的精力来创建和维护自己的模式。如果可以集中提供一组具有相同的基本输入数据（例如，永久维护并插入模板中的公司季度结果）、经过认证的、可信的模型模板，岂不美哉？这些模板还将拥有内置的自动质量检查系统和审计跟踪系统。当然，任何了解银行业的人都明白，这种共享模式的出现至少还需要十年时间，或者也许永远不会发生。然而，其他行业可能不会存在相同的问题，因此生产率优势将是巨大的。

人机共生分析用例的交易愿景如何？其主要元素是什么？我们只需要清楚这一点：不是在谈论专利数据或行业洞察力的共享，公司之间共享的范围只涉及通用的用例、模板、模型和一些通用数据源。这样的共享在目前这个阶段还远未形成气候。然而，考虑到这种解决方案即将产生的巨大经济回报，这种模式在各行业的人机共生分析中大规模出现只是时间问题。Microsoft Azure 已经展示了类似的软件模型。

这样的系统创建需要经过 7 个步骤：

1. 为可交易单位创建模型。在可以交换任何东西之前，目前的纠缠分析模型需要转移到模块化用例的模型中。用例方法提供了这样一种模型。

2. 为分析用例创建一个通用的开源语言。目前，用例方法以外的分析用例还没有通用的开源语言，甚至连用例方法还仅仅处于初级阶段。无论最终出现的是哪种标准，它都是分析用例得以进行交易的前提条件。

3. 创建销售或许可用例的交换机制。当然，分析用例需要进行永久性的维护，这就是为什么交换机制需要采取现收现付模式的原因。

4. 寻求持续性补偿知识产权的方法。分析用例的提供者需要找到一种能够为自己的知识产权定价的方法，用例方法提供了这样的方法。

5. 为供应商和用例创建一个认证机制。Microsoft Azure 已经提供了认证平台。

6. 创建用例工作流平台。一旦用例获得许可或被接受，简化的工作流平台可以支持用例的实施和不间断的维护。

7. 创建一个包括用例维护、用例实施和认证提供者的生态系统。随着时间的推移，包含专家提供者在内的生态系统将会出现。

在这个问题上，我并不天真。这个愿景需要很多年才能实现。然而用例方法表明该愿景是可行的。最重要的是整体的经济效益证明了这个愿景的可行性。

结　　论

你准备好面对未来了吗？

沃纳·冯·布劳恩（Wernher von Braun）是土星五号运载火箭的创造者，而且是阿波罗计划的主要负责人，他曾说道："我已经学会了如何小心翼翼地使用'不可能'这个词。"我希望你们能从这句话得到对人机共生的启发。

本书的目的是让你获得足够的知识，这样当你需要时，便可以提出正确的问题。在第一部分，我澄清了一系列关于人机共生分析的谬论。在第二部分，我研究了根本趋势及其在未来如何驱动人机共生。在第三部分，我提出了用例方法，其作为将人机共生应用于数据分析的框架。

我希望已经告诉你，无论现在还是未来，走出人机共生这个迷宫完全可以做到。就将这本书看作 Ariadne 的线球（ball of thread），Theseus 得到了它，就可以确保在完成自己的任务后，安全地回到家中。

参 考 文 献

第一部分

[1] "Gartner Predicts 2015: Big Data Challenges Move from Technology to the Organization," Gartner Inc., 2014, https://www.gartner.com/doc/2928217/predicts--big-data-challenges.

[2] Jeff Kelly, "Enterprises Struggling to Derive Maximum Value from Big Data," Wikibon, 2013, http://wikibon.org/wiki/v/Enterprises_Struggling_to_Derive_Maximum_Value_from_Big_Data.

[3] Columbia Business School's annual BRITE conference, BRITE–NYAMA Marketing Measurement in Transition Study, Columbia Business School, 2012, www8.gsb.columbia.edu/newsroom/newsn/1988/study-finds-marketers-struggle-with-the-big-data-and-digital-tools-of-today.

[4] Vernon Turner, John F. Gantz, David Reinsel, and Stephen Minton, "The Digital Universe of Opportunities: Rich Data and the Increasing Value of the Internet of Things," IDC iView, 2014, www.emc.com/leadership/digital-universe/2014iview/executive-summary.htm.

[5] Mario Villamor, "Is #globaldev Optimism over Big Data Based More on Hype Than Value?," Devex.com, 2015, https://www.devex.com/news/is-globaldev-optimism-over-big-data-based-more-on-hype-than-value-86705.

[6] Jürg Zeltner, "A Mass of Information Does Not Equal a Wealth of Knowledge," FT.com, January 2015, www.ft.com/cms/s/0/69b0154c-959a-11e4-a390-00144feabdc0.html#axzz491J3nqhQ.

[7] Experian News, "New Experian Data Quality Research Shows Inaccurate Data Preventing Desired Customer Insight," Experian, 2015, https://www.experianplc.com/media/news/2015/new-experian-data-quality-research-shows-inaccurate-data-preventing-desired-customer-insight.

[8] Domo and BusinessIntelligence.com, "What Business Leaders Hate about Big Data," Domo, 2013, https://web-assets.domo.com/blog/wp-content/uploads/2013/09/Data_Frustrations_Final2.pdf.

[9] Aaron Kahlow, "Data Driven Marketing, Is 2014 the Year?," Online Marketing Institute, January 2014, https://www.onlinemarketinginstitute.org/blog/tag/analytics.

[10] Infogroup and YesMail, "Data-Rich and Insight-Poor," Infogroup and YesMail, 2013, www.infogrouptargeting.com/lp/its/data-rich-insight-poor/index-desk.html.

[11] Dan Woods, "Big Data Requires a Big, New Architecture," *Forbes*/Tech,

July 21, 2011, www.forbes.com/sites/ciocentral/2011/07/21/big-data-requires-a-big-new-architecture/#232c3c711d75.

[12] Brian Stein and Alan Morrison, "The Enterprise Data Lake: Better Integration and Deeper Analytics," PwC,*Technology Forecast: Rethinking Integration*, Summer 2014, https://www.pwc.com/us/en/technology-forecast/2014/cloud-computing/assets/pdf/pwc-technology-forecast-data-lakes.pdf.

[13] Ibid.

[14] Gartner,*The Data Lake Fallacy: All Water and Little Substance*, Gartner Inc., 2014, https://www.gartner.com/doc/2805917/data-lake-fallacy-water-little.

[15] James Manyika et al., "Big Data: The Next Frontier for Innovation, Competition, and Productivity," McKinsey Global Institute Report, 2011, www.mckinsey.com/business-functions/business-technology/our-insights/big-data-the-next-frontier-for-innovation.

[16] Aaron Whittenberger, "The Top 8 Mistakes in Requirements Elicitation," BA Times, January 2014, www.batimes.com/articles/the-top-8-mistakes-in-requirements-elicitation.html.

[17] Steven Aronowitz, Aaron De Smet, and Deirdre McGinty, "Getting Organizational Redesign Right," *McKinsey Quarterly*, 2015, www.mckinsey.com/business-functions/organization/our-insights/getting-organizational-redesign-right.

[18] Neal R. Goodman, "Knowledge Management in a Global Enterprise,"*TD Magazine*, December 2014, https://www.td.org/Publications/Magazines/TD/TD-Archive/2014/12/Knowledge-Management-in-a-Global-Enterprise.

[19] https://en.wikipedia.org/wiki/Deep_learning.

[20] William Heitman, "How to Vanquish Management Report Mania," CFO.com, 2014. http://ww2.cfo.com/management-accounting/2014/09/vanquish-management-report-mania/.

[21] KPMG, *Disclosure Overload and Complexity: Hidden in Plain Sight*, KPMG, 2011, www.kpmg.com/US/en/IssuesAndInsights/ArticlesPublications/Documents/disclosure-overload-complexity.pdf.

[22] Heitman, "How to Vanquish Management Report Mania."

[23] BusinessIntelligence.com, "5 Reasons Your CEO Prefers Data on a Dashboard," BusinessIntelligence.com, January 2015, http://businessintelligence.com/bi-insights/5-reasons-ceo-prefers-data-dashboard.

[24] Timo Elliott, "#GartnerBI: Analytics Moves to the Core," Business Analytics & Digital Business, February 14, 2013, http://timoelliott.com/blog/2013/02/gartnerbi-emea-2013-part-1-analytics-moves-to-the-core.html.

第二部分

[1] Andrew Bartels et al., "The Public Cloud Market Is Now in Hypergrowth," Forrester, 2014, https://www.forrester.com/report/The+Public+cloud+Market+Is+Now+In+Hypergrowth/-/E-RES113365.

[2] Zachary Davies Boren, "Active Mobile Phones Outnumber Humans for the First Time," *International Business Times*, 2014, www.ibtimes.co.uk/there-are-more-gadgets-there-are-people-world-1468947.

[3] Sarah Wolfe, "Smartphone Numbers to Triple by 2019, Report Says,"

GlobalPost.com, 2013, www.globalpost.com/dispatch/news/business/technology/131111/smartphone-numbers-triple-2019-report-says.

[4] BusinessIntelligence.co.uk.

[5] Satya Nadella, "Satya Nadella: Mobile First, Cloud First Press Briefing," Microsoft News Center, March 27, 2014, http://news.microsoft.com/2014/03/27/satya-nadella-mobile-first-cloud-first-press-briefing/sm.0000viw9g2sdoe84zd422fmm7wog4.

[6] GSMA Press Release, "GSMA Announces the Business Impact of Connected Devices Could Be Worth USD4.5 Trillion in 2020," GSMA, 2012, www.gsma.com/newsroom/press-release/gsma-announces-the-business-impact-of-connected-devices-could-be-worth-us4-5-trillion-in-2020.

[7] Dave Evans, "The Internet of Things: How the Next Evolution of the Internet Is Changing Everything," Cisco White Paper, 2011, www.cisco.com/c/dam/en_us/about/ac79/docs/innov/Internet of Things_IBSG_0411FINAL.pdf.

[8] http://www.ey.com/Publication/vwLUAssets/EY-cybersecurity-and-the-internet-of-things/$FILE/EY-cybersecurity-and-the-internet-of-things.pdf.

[9] Reform of EU Data Protection Rules, http://ec.europa.eu/justice/data-protection/reform/index_en.htm.

[10] Communication from the Commission to the European Parliament, the Council, the European Economic and Social Committee, and the Committee of the Regions, "Safeguarding Privacy in a Connected World: A European Data Protection Framework for the 21st Century," http://eur-lex.europa.eu/legal-content/EN/TXT/HTML/?uri=CELEX:52012DC0009&from=en.

[11] European Commission Press Release, "EU Commission and United States Agree on New Framework for Transatlantic Data Flows: EU–US Privacy Shield," February 2016, http://europa.eu/rapid/press-release_IP-16-216_en.htm.

[12] Adobe Investor Presentation, January 2016, http://wwwimages.adobe.com/content/dam/Adobe/en/investor-relations/PDFs/ADBE-Investor-Presentation-Jan2016.pdf?wcmmode=disabled.

[13] PwC, *The Sharing Economy—Sizing the Revenue Opportunity*, www.pwc.co.uk/issues/megatrends/collisions/sharingeconomy/the-sharing-economy-sizing-the-revenue-opportunity.html.

[14] Yves de Montcheuil, "43 Percent of Marketing Organizations Sell Data," InfoWorld, www.infoworld.com/article/2851396/big-data/43-percent-of-marketing-organizations-sell-data.html.

[15] KD Nuggets, "API Marketplace," www.kdnuggets.com/datasets/api-hub-marketplace-platform.html.

[16] Business Wire Report, "Global Process Automation and Instrumentation Market to Reach Over USD 94 Billion by 2020, Says Technavio," January 2016, www.businesswire.com/news/home/20160126005046/en/Global-Process-Automation-Instrumentation-Market-Reach-USD.

第三部分

[1] Tom Wujec, "Build a Tower, Build a Team," TED, February 2011, https://www.ted.com/talks/tom_wujec_build_a_tower?language=en#t-373412.

奇点临近

畅销书《The Age of Spiritual Machines》作者又一力作
《纽约时报》评选的"2005年度博客谈论最多的图书"之一
2005年CBS News评选的畅销书
2005年美国最畅销非小说类图书
2005年亚马逊最佳科学图书
比尔·盖茨、比尔·乔伊等鼎力推荐
一部预测人工智能和科技未来的奇书

"阅读本书，你将惊叹于人类发展进程中下一个意义深远的飞跃，它从根本上改变了人类的生活、工作以及感知世界的方式。库兹韦尔的奇点是一个壮举，以不可思议的想象力和雄辩论述了即将发生的颠覆性事件，它将像电和计算机一样从根本上改变我们的观念。"

—— 迪安·卡门，物理学家

"本书对科技发展持乐观的态度，值得阅读并引人深思。对于那些像我这样对"承诺与风险的平衡"这一问题的看法与库兹韦尔不同的人来说，本书进一步明确了需要通过对话的方式来解决由于科技加速发展而引发的诸多问题。"

—— 比尔·乔伊，SUN公司创始人，前首席科学家

21世纪机器人

书号：978-7-111-56949-7　作者：[美]布莱恩·戴维·约翰逊　定价：59.00元

当机器人像智能手机、平板电脑和电视机一样普遍的时候，我们的生活会变成什么样呢？你的21世纪机器人可以干什么呢？

机器人是推动新工业革命的关键，人类即将进入万物皆智能的新智能时代，机器智能将越来越多地融入未来生活，引发智能革命或是智能爆炸，而把握未来的好方式就是更加了解机器，以及创造更具智能的计算机和机器人。

本书呈现了大量科幻原型故事，集中探讨了个人机器人，洞察机器人发展的技术和未来趋势。